KB221051

멘사 스도쿠 200문제 초급·중급

IQ 148을 위한 두뇌 트레이닝

멘사 스도쿠

200문제 초급 중급

MENSA SUDOKU

개러스 무어 · 브리티시 멘사 지음

보누스

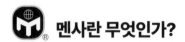
멘사란 무엇인가?

멘사란 '탁자'를 뜻하는 라틴어로, 지능지수 상위 2% 이내(IQ 148 이상)의 사람만 가입할 수 있는 천재들의 모임이다. 1946년 영국에서 창설되어 현재 100여 개국 이상에 14만여 명의 회원이 있다. 멘사의 목적은 다음과 같다.

　　첫째, 인류의 이익을 위해 인간의 지능을 탐구하고 배양한다.
　　둘째, 지능의 본질과 특징, 활용처 연구에 힘쓴다.
　　셋째, 회원들에게 지적·사회적으로 자극이 될 만한 환경을 마련한다.

IQ 점수가 전체 인구의 상위 2%에 해당하는 사람은 누구든 멘사 회원이 될 수 있다. 우리가 찾고 있는 '50명 가운데 한 명'이 혹시 당신은 아닌지?

멘사 회원이 되면 다음과 같은 혜택을 누릴 수 있다.

- 국내외의 네트워크 활동과 친목 활동
- 예술에서 동물학에 이르는 각종 취미 모임
- 매달 발행되는 회원용 잡지와 해당 지역의 소식지
- 게임 경시대회, 친목 도모 등을 위한 지역 모임
- 주말마다 열리는 국내외 모임과 회의
- 지적 자극에 도움이 되는 각종 강의와 세미나
- 여행객을 위한 세계적인 네트워크인 'SIGHT' 이용 가능

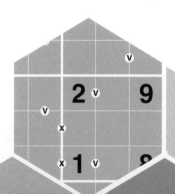

멘사 스도쿠를 풀기 전에

멘사 스도쿠에 도전하려는 여러분을 환영합니다. 이 책에서 소개하는 스도쿠 퍼즐은 모두 201문제입니다. 어떤 문제는 유형이나 푸는 방식이 조금 다릅니다. 하지만, 모든 스도쿠 퍼즐은 빈칸에 1부터 9까지의 숫자를 각 줄과 3×3 박스에 중복 없이 배치한다는 절대적인 규칙이 있습니다. 완전히 새롭고 낯설어 보이는 문제도 이 전제에 추가 요소만 들어가 있을 뿐이지요. 기본에 충실하면 못 풀 퍼즐은 없습니다.

물론 특별한 유형의 스도쿠가 나올 때마다 설명과 함께 퍼즐을 푸는 가이드가 제공됩니다. 참고로 먼저 등장하는 문제일수록 쉽고, 나중에 등장하는 문제일수록 어렵습니다. 두뇌를 쓰며 즐거움을 느끼는 여러분들이라면 다양한 문제들을 풀며 짜릿한 쾌감을 맛볼 수 있을 것입니다.

그럼, 행운을 빕니다. 잘 풀리지 않더라도, 스트레스를 받기보다는 머리를 식히고 다른 쉬운 문제들부터 풀어보시기 바랍니다. 멘사에서 준비한 두뇌 유희를 마음껏 즐기세요!

영국 런던에서, 개러스 무어 박사

차례

멘사란 무엇인가? … 4

멘사 스도쿠를 풀기 전에 … 5

스도쿠 … **8**

직소 스도쿠 … **152**

연속 스도쿠 … **164**

6

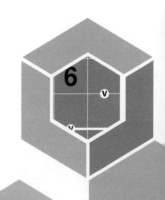

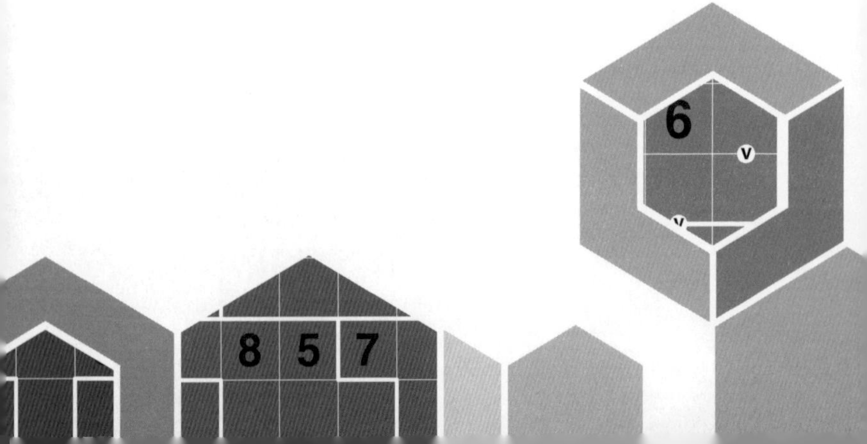

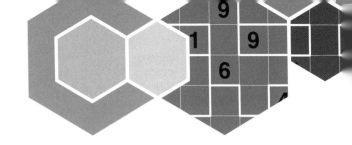

후보숫자 스도쿠 … **176**

확장 부등호 스도쿠 … **188**

XV 스도쿠 … **200**

지렁이 스도쿠 … **212**

정답 … **224**

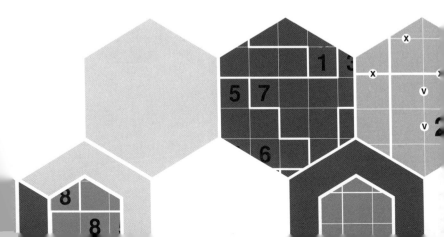

스도쿠

유형 소개

가장 널리 알려진 일반적인 스도쿠이다. 1부터 9까지의 숫자를 빈칸에 넣는다. 이때, 각 가로줄과 세로줄, 굵은 선으로 나뉜 3×3 박스에 숫자 1~9를 중복 없이 하나씩만 넣어 퍼즐을 완성해야 한다.

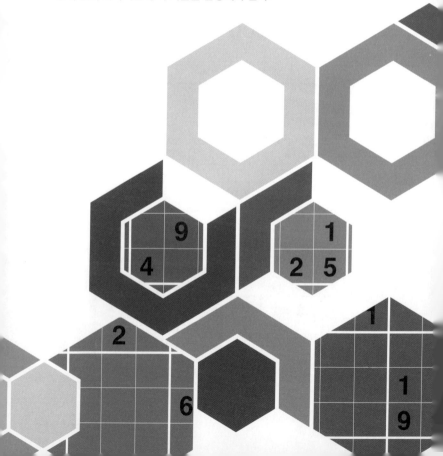

문제 예시

	6	8				7		
			1					
9				5				6
			8		1			3
		4				8		
2			4		9			
6				3				5
					4			
		9				2	1	

정답

1	6	8	3	4	2	7	5	9
4	5	7	1	9	6	3	2	8
9	3	2	7	5	8	1	4	6
5	9	6	8	2	1	4	7	3
7	1	4	5	6	3	8	9	2
2	8	3	4	7	9	5	6	1
6	4	1	2	3	7	9	8	5
8	2	5	9	1	4	6	3	7
3	7	9	6	8	5	2	1	4

1

	2			8	1	9		
					6	7		3
9	3		4					
5	8		6		9	2		
3								6
		9	8		3		5	7
					2		8	9
6		2	1					
		7	9	4			6	

2

	9						1	
1			9	5	6			3
		2	1		4	9		
	5	7				3	8	
	3			7			2	
	8	6				1	5	
		9	3		5	7		
6			7	8	1			4
	4						3	

3

		9				2		
	2		6		5		7	
3			9	2	8			4
	4	6		5		3	2	
		2	3		1	8		
	1	3		7		6	5	
1			5	8	2			6
	9		7		6		3	
		5				4		

4

			8	4	7			
		8		2		7		
	7		1		5		2	
5		6	4		2	1		9
9	8						6	5
4		7	6		9	8		2
	9		5		1		4	
		5		9		3		
			3	6	8			

5

5				4				2
		6				3		
	3		2		9		7	
		5	4	8	1	2		
2			7		3			4
		9	6	2	5	7		
	1		9		7		5	
		4				1		
8				6				7

6

	8	1			3			
		9	6	2				8
		5			1	4	2	9
5		4					8	
	1						3	
	2					7		1
8	9	2	5			1		
7				1	2	9		
			4			8	7	

7

6				7				3
	1		8		4		5	
		3	9		2	1		
	5	2				3	4	
9								1
	8	1				9	6	
		5	2		6	8		
	2		7		1		3	
1				8				9

8

5			3				2	1
3		1	8					
				4	5		3	
		9	7		1		6	5
		2				7		
6	7		5		4	9		
	1		4	3				
					8	4		6
7	2				6			3

9

	9		5		2		8	
5		2				9		6
	4			9			7	
6				5				4
		5	3		1	6		
4				2				1
	6			3			5	
1		4				7		9
	5		6		9		4	

10

5	3			1			9	2
4			5		6			7
		9				5		
	2			4			6	
8			6		2			3
	9			7			1	
		7				8		
2			9		1			4
1	4			8			5	9

11

1			9		6			3
		7				5		
		5	3		2	1		
	8			3			2	
7								8
	9			4			5	
		4	8		9	7		
		2				6		
5			7		3			2

12

9		8						4
		3	2	1				
			8				3	9
			7		5	1	2	
	3			9			5	
	1	5	4		6			
5	8				4			
				6	2	8		
4						5		3

13

7			3		5			8
			9	4	7			
		5		2		4		
6	1						4	3
	5	2				6	8	
3	7						5	2
		7		1		8		
			5	3	8			
1			4		6			9

14

		5	7		6	8		
	9			4			6	
8		7				4		9
5				6				8
	3		2		8		9	
7				3				6
6		1				9		4
	5			8			7	
		4	6		7	5		

15

	9	1			3	7		
					8	6		1
2	6			7	1			8
3	2	9						
		5				1		
						9	2	5
5			8	2			1	4
9		4	3					
		2	7			8	6	

16

		7				3		
		5	6		9	7		
8	9						5	2
	3		4	7	6		1	
			3		1			
	8		9	2	5		7	
1	4						2	7
		8	5		7	1		
		6				8		

17

		2		7	4			
	1				3		8	
		8				5		9
6	9			3				
2			9		1			3
				5			4	6
1		3				7		
	7		2				6	
			3	8		4		

18

		7	6		8	4		
		3				6		
4	1			2			8	5
6			1		2			4
		2				8		
7			8		4			3
8	6			7			3	2
		4				5		
		5	2		3	1		

19

8				2				4
		7				2		
	5		7	8	6		3	
		5		9		6		
2		4	5		3	8		7
		3		7		4		
	7		9	6	8		4	
		8				1		
5				4				8

20

2		6				7		1
8								4
	3	7				5	8	
	5		1		7		6	
		8		2		9		
6	7		4		5		1	2
			3		9			
9				4				7
			5		2			

21

		2	1	8	5	9		
			6		2			
4								1
6	1		3		9		4	2
5								6
2	9		7		4		1	5
9								7
			2		7			
		1	4	3	8	6		

22

	1		4		6		3	
7								4
		3	7		8	2		
9		4	5		1	8		2
2		7	6		3	4		9
		2	8		4	6		
1								3
	4		1		5		2	

23

		9		3		4		
	7		5		6		8	
6				2				3
	3		8		4		9	
7		8				5		1
	9		1		3		7	
8				4				9
	5		3		1		2	
		3		8		1		

24

5								8
		8				2		
	3		8	7	2		9	
		6	7		3	1		
		7		6		4		
		4	5		1	9		
	7		1	5	6		2	
		2				7		
9								6

25

	1		2		6		4	
3			4		5			1
		4		1		5		
8	4						5	2
		2				7		
6	7						1	3
		6		8		1		
5			1		7			4
	9		6		2		3	

26

		3	7		9	4		
8	2		4		3		5	1
7		5				1		3
	8		9		1		6	
6		4				9		2
9	7		2		4		1	5
		8	5		6	3		

27

7		3				5		6
			7	9	5			
5								8
	3			7			6	
	9		6		8		2	
	2			1			3	
9								2
			4	8	1			
6		1				4		3

28

8				7				4
		5	6	9	4	8		
	3						2	
	5						7	
6	4			3			8	9
	9						1	
	1						9	
		3	9	4	2	1		
7				1				5

29

9				4				8
		8	3		1	4		
	3			6			7	
	9		4		2		8	
7		2				1		4
	4		7		9		6	
	2			3			5	
		3	9		5	8		
4				2				3

30

	3			1			8	
7			4		5			3
		4	8		9	6		
	1	3				4	5	
2								8
	8	7				1	3	
		2	1		3	5		
9			5		4			1
	5			7			4	

31

	3		5		6		2	
6				8				7
		4	9		7	6		
2		5				7		3
	7						6	
9		6				5		8
		7	1		4	3		
5				6				4
	1		7		5		9	

32

4	8			2			5	
		6			4		1	
3					1			2
7		5	9				8	
	1						9	
	6				3	1		7
8			1					9
	9		8			2		
	3			9			4	5

33

4		9				6	7	5
2					8	1		
1	5							9
	6		3		7			
			8		1		2	
9							1	3
		5	9					7
3	1	7				9		2

34

		6		9		8		
			3	1	6			
4								6
	4		5	3	8		1	
5	2		9		1		4	8
	8		4	2	7		3	
9								5
			6	8	3			
		7		5		4		

35

	4			1			2	
6			5		2			7
		1	3		9	5		
	6	2				1	8	
5								4
	8	7				6	9	
		6	4		5	8		
2			8		3			1
	9			6			5	

36

4								8
	9			2			5	
	6		3		9		1	
		9	5		8	6		
6								1
		3	7		6	4		
	7		4		5		8	
	8			7			2	
9								3

37

	8		3		9		2	
7								9
			7	4	2			
1		8				7		5
		2		3		8		
3		5				2		6
			6	2	8			
8								2
	3		5		4		1	

38

		7			9		3	
8		3		7	1	9		
	1						7	6
7	8			1				
	2		7		6		1	
				3			8	7
6	7						9	
		1	2	9		5		8
	9		4			7		

39

			1				4	
7	8						9	
		4	5	8		2		
			6		4	5		2
		3				7		
1		2	3		5			
		1		6	8	3		
	7						2	6
	6				1			

40

2		7			1		5	9
4				9				
					3			7
7		4		3				
	1		9		5		2	
				1		5		3
8			1					
				4				2
1	7		2			8		4

41

2					9	4		
3							8	6
		7		4				
	4	2	6	1		8		
		6		3	5	1	4	
				6		5		
6	9							4
		8	4					3

42

1		3				6		4
				7				
9			5		4			7
		4	9		5	8		
	6						3	
		1	7		3	4		
5			2		6			3
				8				
2		9				1		8

43

9				4				8
	3			6			2	
			1		8			
		9	7		6	3		
2	7						8	5
		8	3		2	7		
			8		5			
	5			2			7	
7				1				6

44

	2				5	9	6	
	3		2		8			
4				6	3			
	6	7				2		9
		9				6		
1		2				8	7	
			3	2				6
			8		9		1	
	7	3	6				9	

45

7				3				9
		2				5		
	3		1		8		7	
		1	7		9	3		
6								4
		3	4		6	8		
	9		5		2		8	
		8				1		
1				4				5

	3			1		6		
				4	6	9		3
8	5							
	6			7				
4	2		1		3		9	8
				5			6	
							5	9
3		1	4	9				
		9		8			3	

47

			6		8			
	8	2				4	6	
	5			2			9	
6			9		5			8
		9				1		
8			3		1			6
	3			8			7	
	9	8				3	5	
			4		3			

48

4			3	6	5			2
		2				8		
	5			8			1	
7								1
1		3		2		9		7
2								5
	2			3			4	
		6				2		
8			6	4	2			9

49

8			2		4			1
		2				6		
	6			3			9	
2				7				4
		3	1		9	8		
9				5				7
	7			2			8	
		4				1		
5			9		7			6

50

8								
	9				6		3	
	4				9	1		
			8		1			6
6		4				5		1
2			5		7			
		5	4				9	
	1		2				7	
								3

51

	2						6	
3				9				4
			3	4	1			
		7		1		8		
	6	1	7		4	3	5	
		9		6		2		
			4	7	2			
9				3				8
	4						3	

52

		9	6	1				
				8		6		
	7	6			4	1		8
		2						4
6	3						5	2
1						9		
4		8	3			7	6	
		7		4				
				5	8	2		

53

		9		2		1		
8								2
1	3						8	9
		8	3		5	6		
9				1				3
		6	9		4	7		
6	5						1	4
2								7
		4		3		5		

54

	1		6	7	2		5	
7	4						2	1
1			8		9			5
8								9
9			1		7			4
2	8						1	6
	6		5	3	8		7	

55

8		7				6		5
	4				6			1
			5	7				
3	2		9		8			
			7		1		8	2
				1	4			
6			2				3	
4		3				5		8

56

9				6				1
		8				3		
	2		1		7		9	
		1	9		6	7		
6								2
		2	8		1	5		
	1		7		2		5	
		3				9		
8				5				6

57

	6	2	5					
			3					7
		3		7	6	9		4
		5					6	8
		1				2		
2	8					5		
5		7	1	6		8		
1					9			
					5	1	4	

58

4						1		8
	2	6		3			4	
8			4				7	
				4		7		
	6		7		2		8	
		7		8				
	5				8			6
	4			1		2	3	
3		9						1

59

		7	9	6	3	2		
	2						3	
6								1
1			7		8			2
3								4
2			6		4			3
8								7
	4						6	
		9	2	4	6	8		

60

1		9					8	3
4			5			9		
	8				2			6
		7		1			5	
			2		8			
	5			6		1		
3			8				9	
		1			5			8
7	9					3		5

61

		2		6		3		
		7				5		
6	9						7	2
			4	2	6			
1			8		7			6
			1	9	3			
4	6						3	9
		9				6		
		3		8		7		

62

		6	2		4	1		
3			8		6			7
2		9		5		7		4
			6		9			
6		3		1		8		9
1			7		5			8
		2	1		3	9		

63

		2		1	9			
	4							8
		5			7	3		
	5	7			6			
1	9						4	5
			9			1	8	
		1	7			2		
3							5	
			3	9		7		

64

1								9
	7			5	2	4	6	
	4		9	6				
	5					1		
	8	1				6	3	
		3					2	
				3	1		4	
	1	8	6	2			7	
7								2

65

				1				
		7	4		9	3		
	1		2		6		5	
	2	1	6		7	4	9	
7								2
	8	9	3		1	5	7	
	5		7		2		1	
		8	5		4	2		
				6				

66

			2		3			
	6		1		4		5	
		3		8		4		
7	5						9	3
		9		7		1		
2	1						6	8
		1		2		9		
	4		9		5		8	
			4		8			

67

			9		8			
		4		7		8		
	3	1	5		4	7	6	
1		2				6		5
	7						9	
4		6				3		7
	1	9	6		2	5	7	
		7		8		9		
			7		1			

68

					3			6
		8	9		7			
2		6						1
5				2			8	
	3						2	
	8			5				4
1						4		8
			4		6	3		
7			5					

69

1					5		6	2
9					3	4		
	7		8					
2	9		1		8	3		
		6	5		2		9	8
					9		4	
		4	7					9
8	6		2					7

2	8		4					1
	1						3	4
		9	1			7		
			5		1	3		6
4		3	7		2			
		7			4	6		
5	6						8	
8					6		7	2

71

6	7		8		3	2		
	3		7					
	1						6	
7				3				
	5	9				6	7	
				5				3
	2						9	
					8		5	
		8	6		5		3	4

72

					2	7		
3		8					9	
			6	1				
			3	8			4	6
1								2
6	5			9	7			
				7	5			
	9					1		8
		6	1					

73

2							9	6
1		4	7	8				
3							8	
4		5	9					
					5	2		3
	3							5
				1	3	7		8
6	8							9

74

1			3		2			8
		7	9		6	1		
	2			1			9	
9	4						6	1
		8				3		
2	1						8	9
	7			2			5	
		2	7		5	9		
5			6		8			4

75

			6		9			
	1	9		3		8	4	
	3			2			9	
7				9				3
	6	3	2		5	7	8	
4				7				1
	7			5			3	
	4	8		6		1	5	
			8		3			

76

		8	7		1	4		
	9			4			6	
1								2
5			6		4			7
	3						2	
6			1		9			8
9								4
	7			1			5	
		2	9		6	1		

77

			3		6			
	1	4		2		7	9	
2		3		1		6		4
		8				9		
4								6
		1				8		
9		2		5		4		7
	4	6		8		5	1	
			4		7			

78

4				8			6	3
9				2		4		
	2				1			
		9	6		2			
8	7						2	5
			8		4	3		
			5				3	
		5		4				6
2	6			1				7

79

9			7		2			6
8	3			6			1	5
		8	1	9	4	5		
2	4						6	3
		5	6	2	3	8		
5	9			7			2	8
6			2		5			4

80

			7		9			
		8	3		2	9		
	3	9		5		7	2	
2	7						5	6
		4				1		
9	5						7	8
	9	2		3		6	1	
		5	2		6	3		
			4		1			

81

		5				4		
			6		3	1	5	
		1			9		2	
							7	
7			8	5	2			6
	8							
	1		3			8		
	4	6	2		8			
		3				2		

82

	4				7			
			3	2			4	
	6	9				5		2
				3		1		9
2		7		8				
4		1				3	6	
	9			4	8			
			1				8	

83

3	8						2	7
		2	7	9	4	5		
		6	2		5	8		
		7	9		1	3		
		3	8	6	2	7		
9	6						3	1

5			2		4		1	
	1				9			
	3					9		5
			8			3		
8			3		1			7
		1			5			
4		2					3	
			5				2	
	5		6		2			4

85

		5	8	6			4	
6			7					2
			9					
4		6					5	
		7				2		
	3					9		7
					1			
9					7			1
	2			3	6	5		

86

1	5			7			8	
								7
			1		6		5	
5	3		4					
		8	2		3	5		
					9		2	8
	9		3		2			
8								
	1			4			7	5

87

1				3				9
	3	2				8	6	
	6	9				4	5	
			3	5	9			
9			2		7			4
			4	8	1			
	1	5				2	4	
	7	8				6	9	
2				4				7

88

6			3		9			1
		9				4		
	8		2		7		9	
5		1	7		6	9		3
3		8	1		5	2		6
	3		5		4		6	
		4				5		
8			9		1			4

89

9			6		3			7
			4		1			
		1		8		5		
1	8						3	9
		3				7		
7	9						2	5
		7		4		3		
			8		6			
4			3		9			2

90

	5			4			2	
			2		3			
		9		8		7		
	4		6		7		8	
	9						7	
		6				5		
8	2						4	9
			4		5			
	7						6	

2								5
	8	9				7	1	
	6	5				8	3	
6			8		4			9
	1			2			8	
5			6		3			1
	5	7				4	9	
	2	3				1	7	
9								3

92

2				7				4
	5		1		9		2	
			5		2			
	1	2				3	6	
5								2
	7	8				9	4	
			7		8			
	6		4		3		9	
3				2				7

93

	9			4			3	
		3	6		7	2		
6	5						1	9
			4		6			
7				1				3
			8		9			
3	2						7	6
		8	9		3	5		
	1			2			9	

94

					2	7		
		5	3					
4			7	9			5	
2				5		9	7	
		7	9		8	1		
	8	1		2				4
	9			6	1			5
					5	4		
		3	4					

95

			4	3				7
			8			3		6
					9	5	1	
		4				8		1
	1						4	
6		8				2		
	8	3	9					
2		7			8			
4				6	7			

96

		1	3					
					4			3
		2		9			6	
3		5		2				
			8		3			
				6		9		2
	6			1		7		
8			6					
					9	5		

97

	4		3		2		5	
2	1						3	6
		3				2		
3				6				8
			2	1	3			
7				5				4
		6				7		
5	7						8	3
	9		5		7		4	

98

	8						4	
7		6				2		9
	2	5		4		7	3	
			7	1	2			
		1	4		5	9		
			3	9	8			
	1	7		2		3	9	
6		9				8		2
	5						7	

99

1		9	7		6	5		8
	2						4	
		8	9	5	4	3		
	3						7	
			3		1			
3		1		4		9		5
5			6		2			3

100

	8						2	
		6		4		9		
		9	3		2	6		
	7	5		9		4	8	
1								2
			2		5			
		8				3		
	3		1		8		6	

101

5						8	2	
	1			8				
		8			3	4		
		5			2			
8	4						5	9
			1			7		
		7	4			3		
				3			9	
	2	1						7

102

					8			
			5	7				1
9		3						
		4			6	9		
6		9	7		1	8		2
		5	8			7		
						6		3
8				2	4			
			9					

103

				8				
4			6		1			7
	3		9		4		5	
		3	8		2	1		
		5				6		
		7	5		3	2		
	2		3		8		9	
5			4		6			8
				5				

	8							
		2		4	9	6		1
	3			1	2		4	
	4	7						
	2	3				5	9	
						7	8	
	9		5	7			6	
7		6	3	9		4		
							7	

105

8								3
		5		4		1		
	2		1	9	3		5	
		1	8		9	3		
	7	8				5	6	
		2	5		6	9		
	6		9	1	4		3	
		3		8		6		
1								7

106

				5				
2	6						4	7
	3		9		4		8	
			6		1			
	2			8			7	
3				2				8
	4	1				5	9	
				1				
9								6

107

	9		4	3				
	5			7			1	4
					5			
		8	2		9			5
9	4						3	1
5			3		8	9		
			7					
7	6			9			4	
				5	3		7	

108

4								8
	1	8				7	2	
	2			6			3	
			1		3			
3				8				6
		7	3		6	4		
		2		7		9		
	3		5		8		1	

109

		5	1		3	9		
	3		9		8		7	
4				6				2
5	6						1	3
		8				5		
9	4						6	8
1				9				7
	5		7		2		8	
		4	8		6	3		

110

	5				4		3	
6	1		3				9	7
			9					
4				9		2	5	
			2		5			
	2	6		8				9
					8			
8	9				7		4	2
	3		5				6	

111

	7	3						
			1				7	
		5		8		6		
3			9					4
		1	2		6	7		
2					4			5
		2		7		4		
	5				8			
						1	8	

112

	9						2	
2				6				1
			2		9			
5		1	6		8	7		3
		6		4		8		
8		7	1		5	6		2
			4		1			
1				5				6
	8						5	

113

			5	2			7	
2		8				1		
	6		8				9	
						2		5
8				3				1
7		1						
	8				5		4	
		6				9		8
	9			4	8			

114

4			7			1		
	9			6		2	7	
7		2			1			
				9				
2			3		7			4
				5				
			1			7		5
	1	8		7			6	
		6			8			9

115

		8						
6				4	3		9	
						4	2	5
	5	1		2				
				6				
				1		9	3	
4	8	2						
	1		2	5				7
						6		

116

9			3					2
		5	4	9		3		
	1			8			4	
							8	5
	5	8				6	3	
3	9							
	7			3			1	
		9		6	2	4		
2					4			6

117

2		4				9		1
	3						7	
6			1		7			4
		8	6	1	2	7		
			5		4			
		2	7	8	3	5		
9			2		1			3
	1						2	
4		6				1		5

118

			2		6		8	
		5			7			
3				1		4		
		3			2			6
1				6				8
8			7			9		
		8		5				4
			8			5		
	5		9		1			

119

		6	2		8	3		
			6		3			
	5			9			2	
3	8						6	5
	2			1			3	
6	1						7	4
	4			6			8	
			5		4			
		2	1		7	9		

120

	1						8	
8			5		3			2
	2			1			9	
		7				1		
		9	3		2	6		
6		1		9		3		5
				4				
			7		1			

121

5			2		9			3
7		8				1		4
	8	7	4		3	6	2	
			8		5			
				7				
	4						7	
		1				2		
		2		9		4		

		7		8		9	1	
8								
2			1	9				8
				1		5		
6		8	7		4	3		1
		4		6				
4				3	8			9
								2
	7	9		5		8		

123

				1				
1		4				6		9
		5				2		
	7	2				1	9	
3			2		4			6
6	8						5	1
			9		8			
	3			7			8	

124

6		1		4		2		7
9				2				3
	7						9	
1								4
	9			3			5	
				8				
		8	9		4	1		
	1						7	
		6				8		

125

				6				
			2	7	9			
7								3
			9		8			
1								4
	2		6		4		8	
		6				8		
		4	3		5	6		
9	8						2	1

126

9								8
	2		7	8	3		4	
				1				
	3			4			6	
	1	2	9		6	8	5	
	8			5			2	
				6				
	4		5	9	2		7	
5								2

127

				1				
	2		3		7		1	
		1	5	4	8	3		
	5	3				9	7	
7		2				4		6
	1	6				2	5	
		7	9	6	1	8		
	3		8		4		9	
				5				

128

						7		
			4		8	1		
				7		9	3	5
7					5	2		
	8	2				3	5	
		3	7					1
6	5	7		8				
		1	2		6			
		9						

129

	5	3				1	9	
2								7
4			9		2			8
		6	5	4	9	8		
			2		8			
		8	6	3	1	7		
9			1		6			5
6								4
	1	5				2	7	

130

		1					8	
3		7		8				
			3	5				2
	7							3
		3	8		1	5		
6							9	
9				6	5			
				2		4		6
	4					2		

131

							7	8
	2			7				
	5		3		9			
				1		4		
9		8				3		7
		6		9				
			2		4		3	
				8			5	
6	1							

132

2	6			7			3	4
8								5
			9		3			
		8		5		4		
5			4		8			9
		1		6		8		
			2		7			
9								7
1	3			8			2	6

133

		6	4	5	1	8		
5			9		8			2
		4				5		
	8		3	7	4		1	
		2				3		
6			1		2			3
		3	8	9	6	1		

134

	4			6			1	
8								2
		7	1		8	6		
		8	4		5	1		
5				1				9
		6	7		2	5		
		9	2		7	3		
7								1
	8			4			5	

135

		8					9	
				2		6		
	2	5		3	8			
5		6				7		
			2		4			
		9				3		1
			5	6		8	2	
		2		1				
	3					1		

136

			1	6				
		5				8		
	9	7				6	3	
			3		6			7
2				4				8
8			9		7			
	3	8				9	4	
		4				7		
				1	4			

137

		9		6		1		
			2		8			
	4		9		7		3	
	1	6		5		8	2	
4								6
	9	5				3	4	
9		2				4		5
1	6						8	3
		3				2		

138

9			5					1
			2		1			
	7		6			2	3	
8						9		
	9	4				1	2	
		5						6
	1	8			5		9	
			4		7			
5					2			3

139

	7						8	
3		1	7		6	2		4
		8	9		3	5		
6			3		2			8
8			5		7			2
		6	2		1	4		
7		2	6		9	8		3
	3						2	

140

			3				8	
	9	1		6		4		
				5				2
8	4	5						
1								8
						6	5	3
6				4				
		8		7		1	9	
	1				2			

141

	6	8				7		
			1					
9				5				6
			8		1			3
		4				8		
2			4		9			
6				3				5
					4			
		9				2	1	

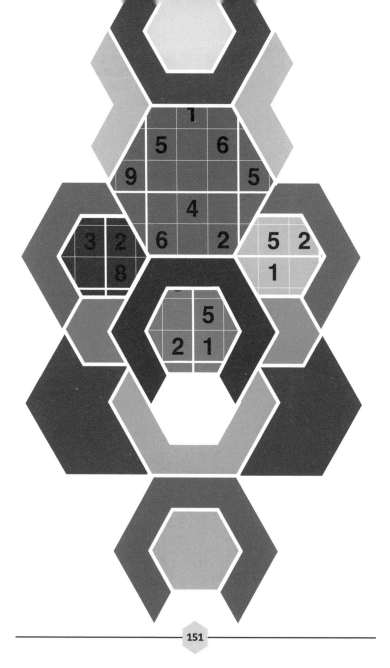

직소 **스도쿠**

유형 소개

일반 스도쿠와 마찬가지로 1부터 9까지의 숫자를 각 가로줄과 세로줄에 중복 없이 한 번씩만 넣는다. 그러나 굵은 선으로 나뉜 구역은 3×3 박스가 아니라 불규칙한 모양의 블록이다. 즉 각 가로줄과 세로줄, 굵은 선으로 나뉜 블록에 숫자 1~9를 중복 없이 하나씩만 넣어 퍼즐을 완성해야 한다. 오른쪽에 있는 문제 예시를 참고해 보자.

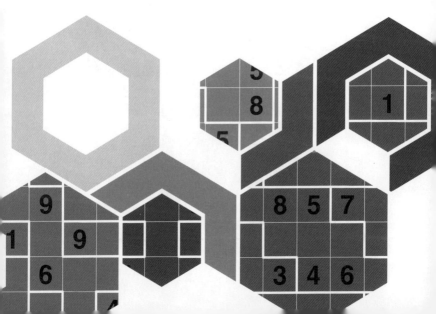

문제 예시

1	9							
	5				2			
6								
				1		6		
	7		8		6		4	
	8		2					
								9
		3					8	
							2	1

정답

1	9	4	3	8	2	6	5	7
3	5	6	7	4	9	2	1	8
6	1	8	5	2	3	7	9	4
4	2	7	9	5	1	8	6	3
9	7	2	8	1	6	3	4	5
7	8	1	2	9	5	4	3	6
2	3	5	4	6	8	1	7	9
5	6	3	1	7	4	9	8	2
8	4	9	6	3	7	5	2	1

142

		3			4			
		6	2				9	
3	7			8				
9								3
				9			1	2
	6				7	5		
			1			7		

143

4			5					
			8		5		3	
		5				2		7
8		1				3		
	4		6		7			
					6			1

144

				4				
	6		7					8
	2	3						
	1	8			9			
			1			4	8	
						5	1	
7					8		4	
				6				

145

	6							2
5			7					
	2	3						
				9				
			1		9			
				6				
						4	1	
					7			8
4							3	

146

		5						
6				7	5			
	4					2		3
8				5				2
7		9					1	
			8	2				9
						8		

147

				2				
6			5					
		8					1	3
			8	5	7			
			3	4	6			
2	7					3		
					8			4
				8				

148

2					1	3		
	1							
	6					1		
				1				
5	9						4	8
				4				
		2					8	
							3	
		7	9					1

149

	8							
		4	8					
		1	9					2
	6		7					
				2				
					7		3	
9					6	5		
					5	2		
							1	

150

					4		2	
					5			
	8							
	3	9						7
		4		8		6		
1						9	4	
							8	
			9					
	6		5					

151

	8							7
7		9					4	
	5		7					
	1		6	3				
				5	4		9	
					7		6	
	2					1		8
6							2	

연속 스도쿠

유형 소개

일반 스도쿠와 마찬가지로 1부터 9까지의 숫자를 각 가로줄과 세로줄, 3×3 박스에 중복 없이 한 번씩만 넣는다. 칸과 칸 사이에 있는 파이프 모양의 막대는 두 칸에 연속하는 숫자가 들어간다는 뜻이다.

예를 들어 두 칸 사이에 파이프 모양의 막대가 있다면, 그 두 칸에는 2, 3 또는 7, 6처럼 이어지는 숫자를 넣어야 한다. 반대로 이 막대가 없는 칸에는 연속하는 숫자가 들어가지 않는다. 즉 두 칸 사이에 막대가 없다면 2, 3이나 7, 6처럼 이어지는 숫자는 들어갈 수 없다. 오른쪽에 있는 문제 예시를 참고해 보자.

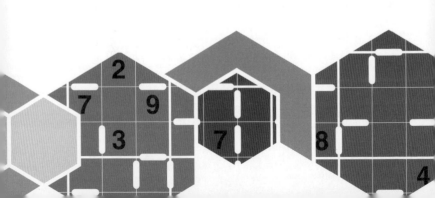

문제 예시

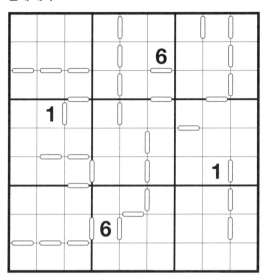

					6			
	1							
							1	
			6					

정답

2	7	1	8	9	3	6	5	4
5	9	4	2	1	6	3	7	8
6	8	3	5	4	7	9	2	1
4	1	2	7	6	8	5	3	9
7	5	9	1	3	2	4	8	6
3	6	8	9	5	4	7	1	2
1	4	7	3	8	9	2	6	5
9	2	5	6	7	1	8	4	3
8	3	6	4	2	5	1	9	7

152

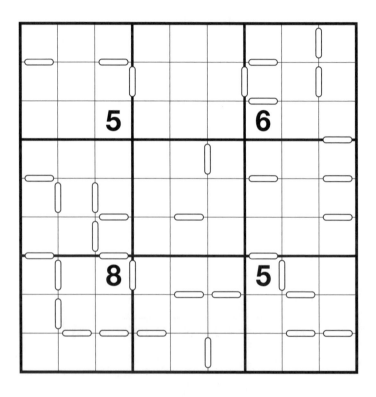

153

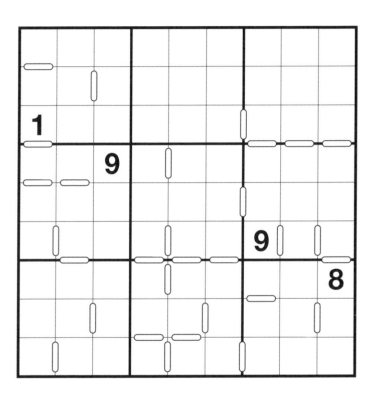

154

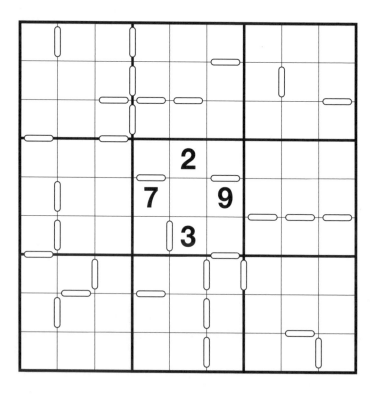

155

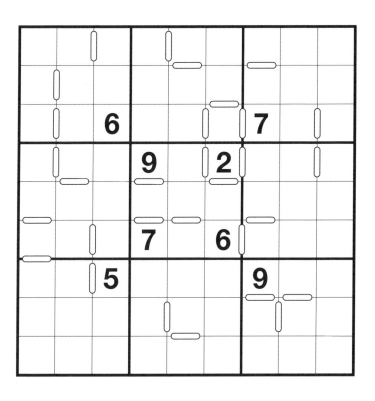

156

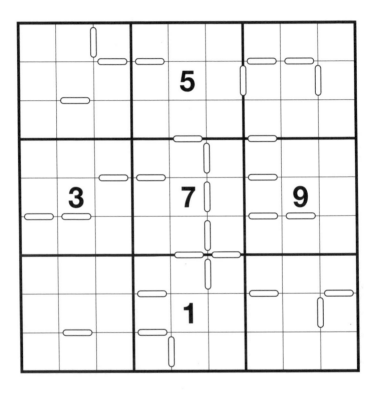

157

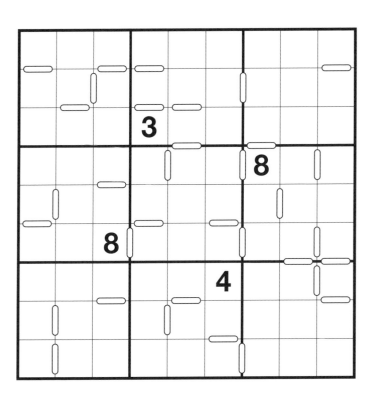

158

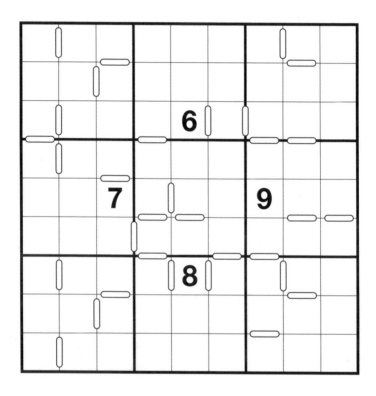

159

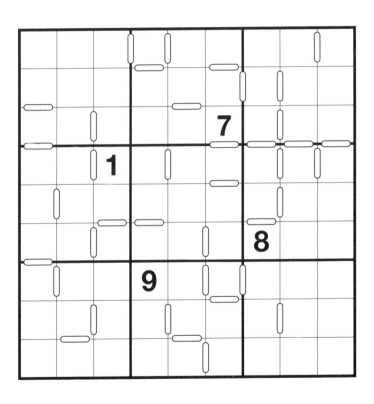

160

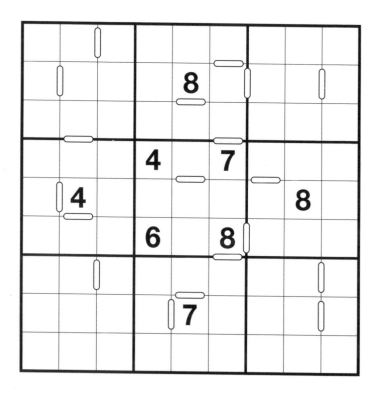

161

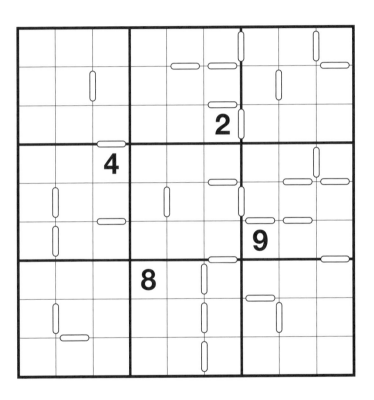

후보숫자
스도쿠

유형 소개

일반 스도쿠와 마찬가지로 1부터 9까지의 숫자를 각 가로줄
과 세로줄, 3×3 박스에 중복 없이 한 번씩만 넣는다. 문제에
는 기존에 채워져 있던 숫자 대신 '후보숫자'가 쓰여 있다. 후
보숫자를 가운데 둔 네 칸에 후보숫자 4개를 각각 하나씩 넣
어야 한다. 오른쪽에 있는 문제 예시를 참고해 보자.

4667

689   134   1359

1237

2358   2346

문제 예시

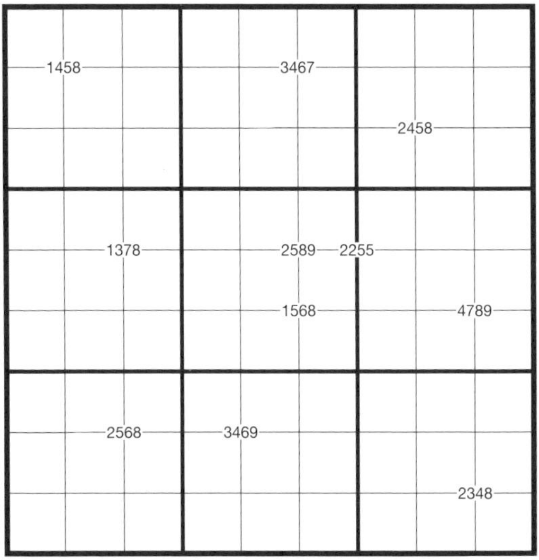

	1458			3467				
							2458	
	1378		2589	2255				
				1568			4789	
	2568		3469					
							2348	

정답

8	1	2	5	7	4	9	6	3
5	4	9	1	6	3	8	2	7
7	6	3	8	2	9	4	5	1
4	8	7	3	9	2	5	1	6
6	3	1	4	8	5	2	7	9
2	9	5	7	1	6	3	8	4
3	2	8	6	4	7	1	9	5
1	5	6	9	3	8	7	4	2
9	7	4	2	5	1	6	3	8

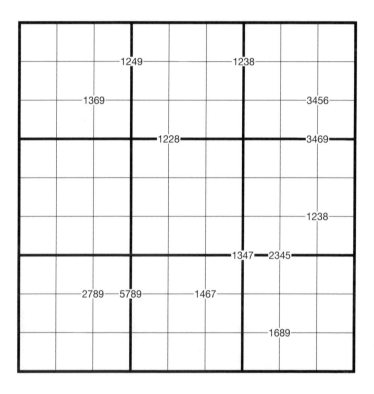

163

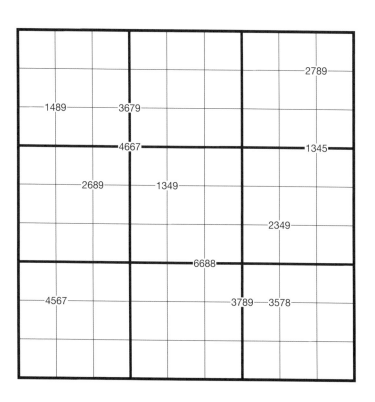

164

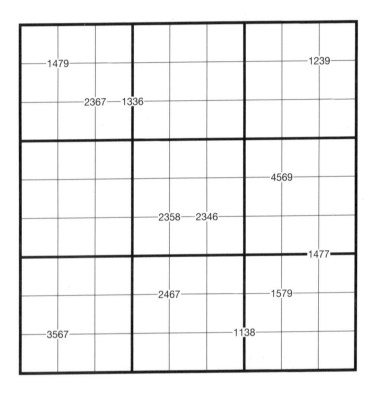

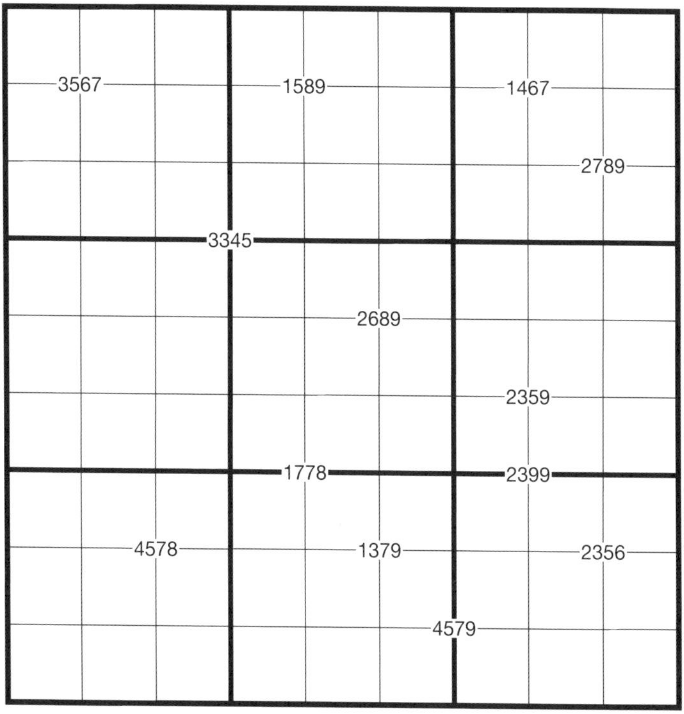

3567			1589			1467		
								2789
		3345		2689				
						2359		
			1778			2399		
	4578			1379			2356	
					4579			

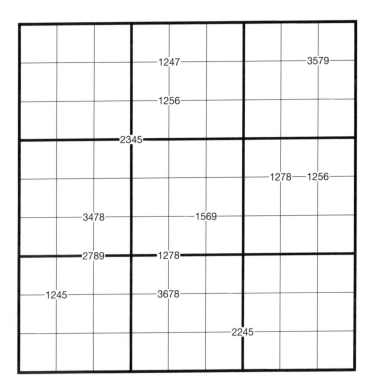

167

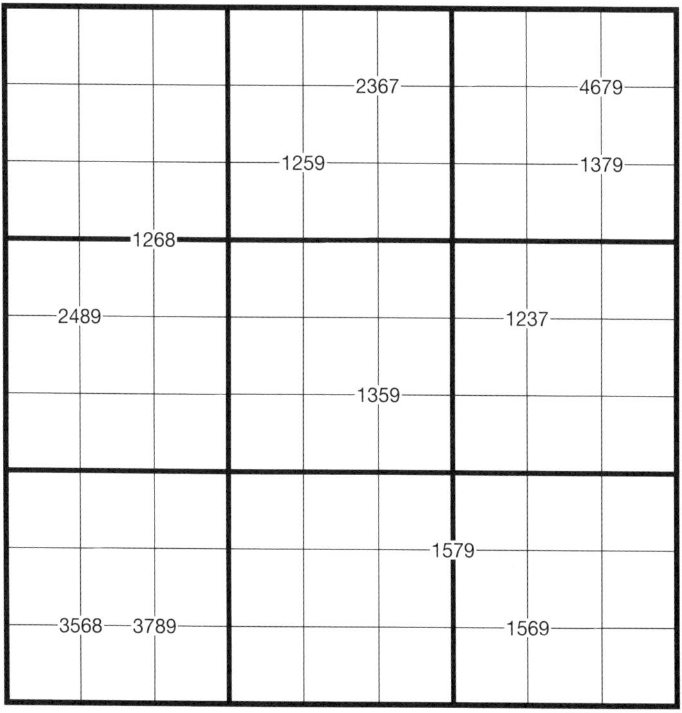

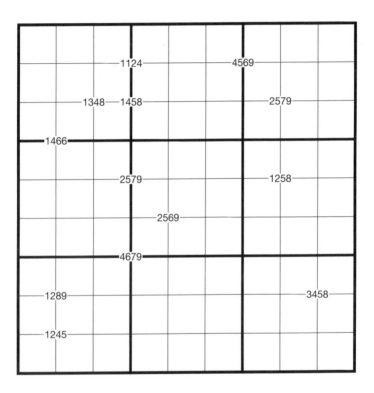

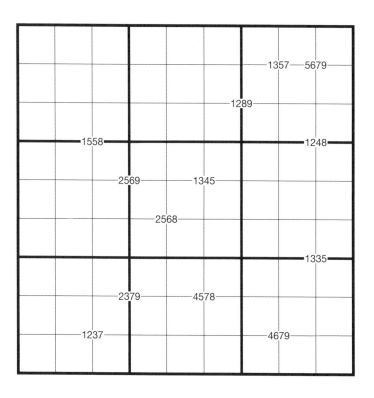

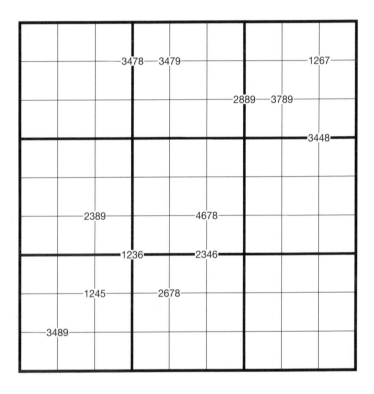

171

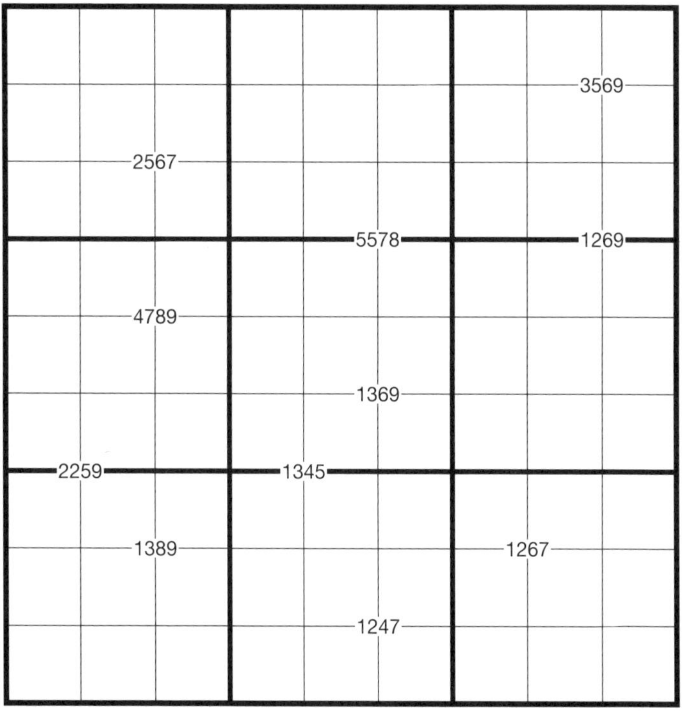

확장 부등호 스도쿠

유형 소개

일반 스도쿠와 마찬가지로 1부터 9까지의 숫자를 각 가로줄과 세로줄, 3×3 박스에 중복 없이 한 번씩만 넣는다. 단, 어떤 칸에는 부등호가 표시되어 있다. 부등호는 해당 부등호에 인접한 세 칸보다 그 칸에 있는 숫자가 크다는 뜻이다. 예를 들어 가운데에 숫자 8이 있고 왼쪽 아래 모서리에 부등호가 적혀 있다면, 8이 있는 칸의 왼쪽 칸, 왼쪽 아래 대각선 칸, 아래쪽 칸에는 8보다 작은 숫자가 들어간다. 오른쪽에 있는 문제 예시를 참고해 보자.

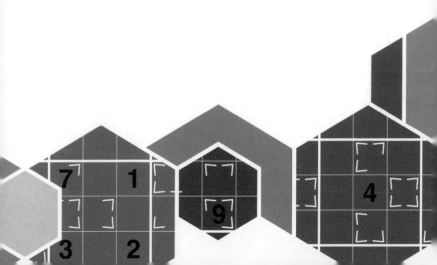

문제 예시

					5			
			3	4				
4								
							2	
	8						3	
	4							
								5
			3	5				
		3						

정답

9	1	8	6	2	7	5	4	3
5	7	2	3	4	8	6	1	9
4	3	6	5	9	1	7	8	2
6	9	5	7	8	3	1	2	4
2	8	7	1	5	4	9	3	6
3	4	1	9	6	2	8	5	7
1	2	4	8	7	9	3	6	5
8	6	9	4	3	5	2	7	1
7	5	3	2	1	6	4	9	8

172

	2		5		7		8	
6								2
		5				7		
7				6				9
			4		3			
3				1				4
		1				9		
2								6
	4		7		2		3	

확장 부등호 **스도쿠**

			1		5			
	4						3	
			9					
5								2
		7				9		
2								4
			3					
	9						2	
			6		2			

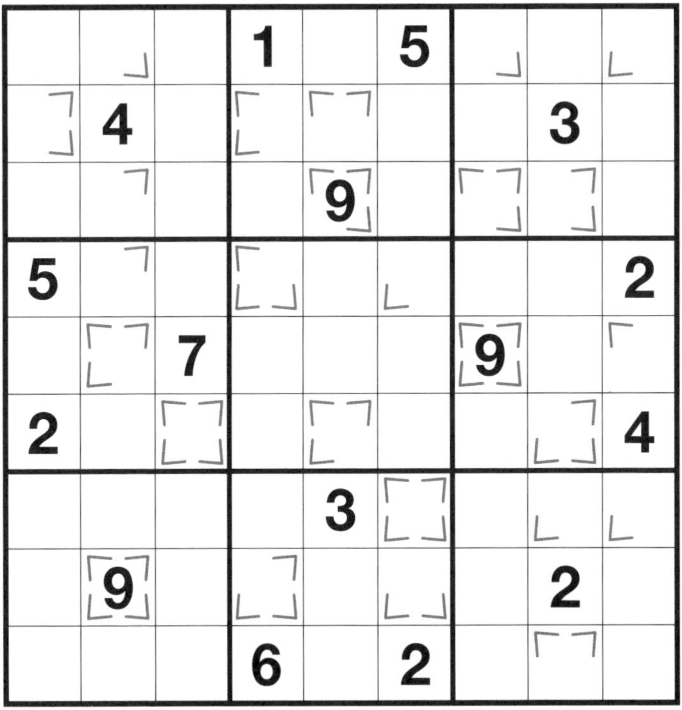

174

	9			1			3	
2								7
			7		1			
4								3
			3		2			
7								8
	5			7			6	

확장 부등호 **스도쿠**

7								9
			7	2	6			
	3						8	
	2						4	
	1						3	
			2	3	1			
2								1

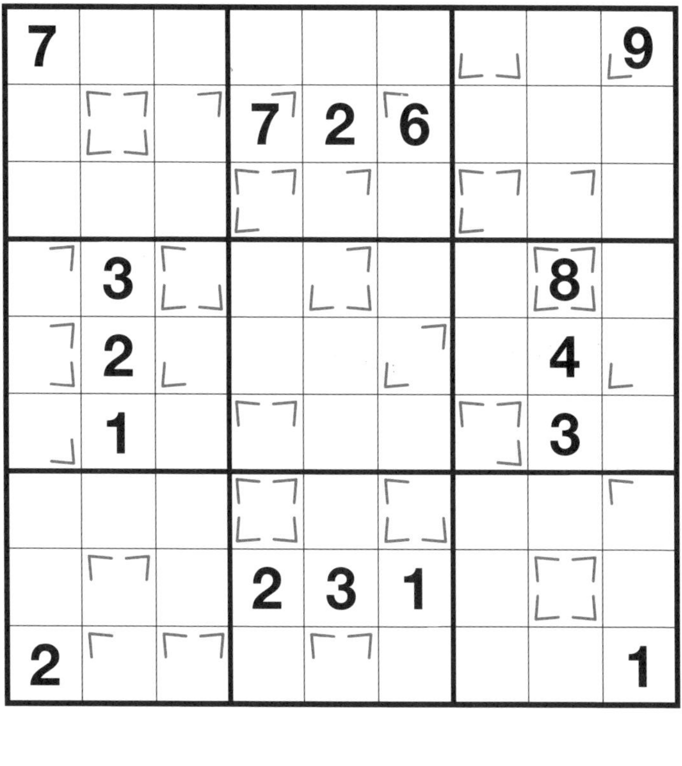

176

			4		2			
		1	7	8	6	5		
			5		1			
		5	3	9	4	1		
			6		9			

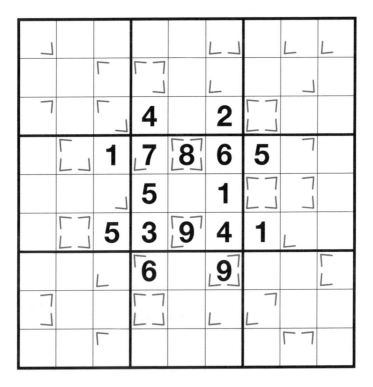

177

	4						8	
2				1				4
		7				5		
	3			4			7	
		6				3		
4				9				2
	2						4	

178

6				8				4
			3		2			
	3			2			1	
4			7		6			9
	6			3			4	
			4		9			
5				7				8

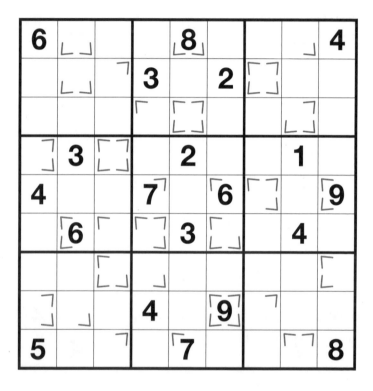

179

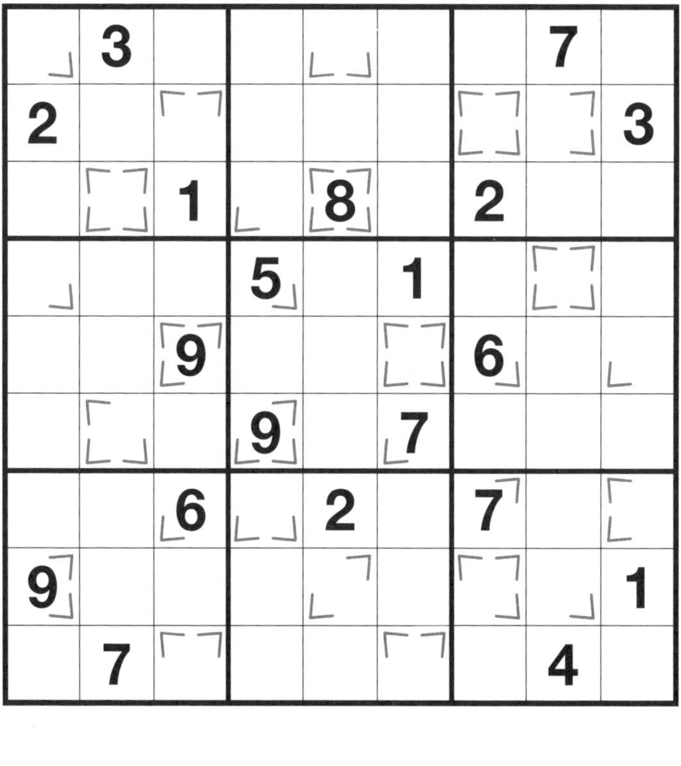

180

		7		2		4		
	1						9	
	8						4	
	2						5	
		9		8		2		

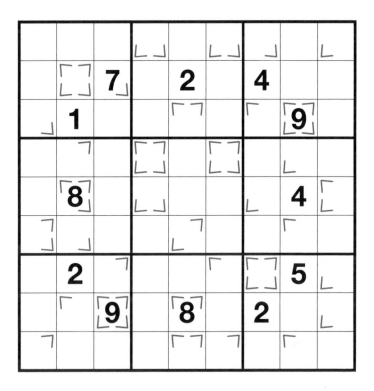

181

	5						1	
4								3
3								1
	4						3	

XV
스도쿠

유형 소개

일반 스도쿠와 마찬가지로 1부터 9까지의 숫자를 각 가로줄과 세로줄, 3×3 박스에 중복 없이 한 번씩만 넣는다. 칸과 칸 사이에 있는 x 또는 v는 두 칸의 합을 나타낸다. x는 두 칸의 숫자를 더한 값이 10임을 뜻하고, v는 두 칸의 숫자를 더한 값이 5임을 뜻한다. 반대로 두 칸 사이에 x 또는 v가 없다면, 두 칸의 숫자를 더한 값이 5 또는 10이 되지 않는다. 오른쪽에 있는 문제 예시를 참고해 보자.

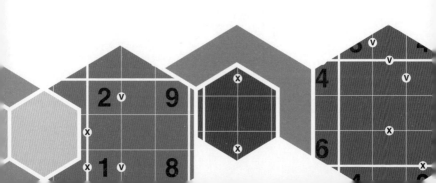

문제 예시

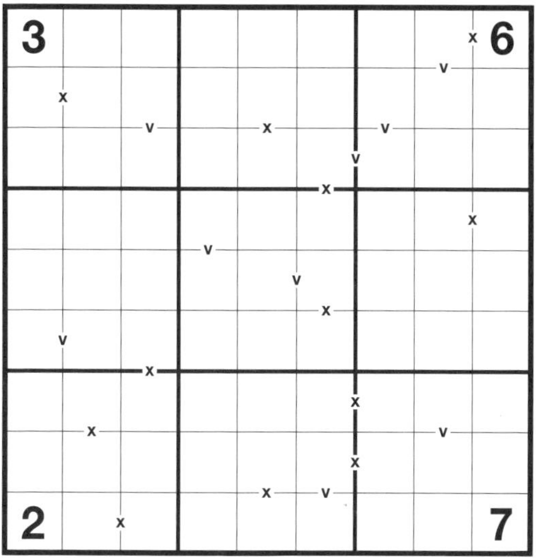

정답

3	9	7	2	1	5	8	4	6
8	2	4	7	6	9	3	1	5
6	5	1	8	4	3	2	7	9
9	6	3	4	5	7	1	8	2
7	8	5	1	3	2	6	9	4
1	4	2	6	9	8	7	5	3
5	3	8	9	7	6	4	2	1
4	7	6	5	2	1	9	3	8
2	1	9	3	8	4	5	6	7

182

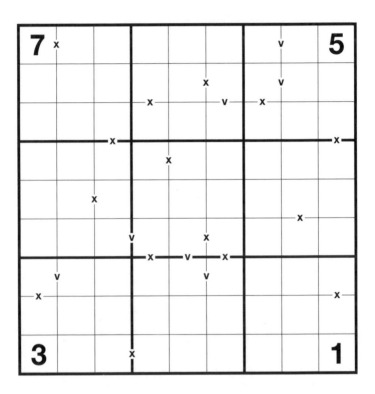

183

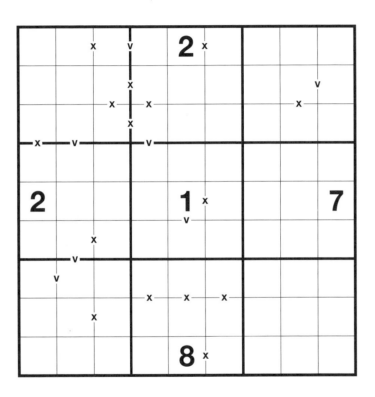

184

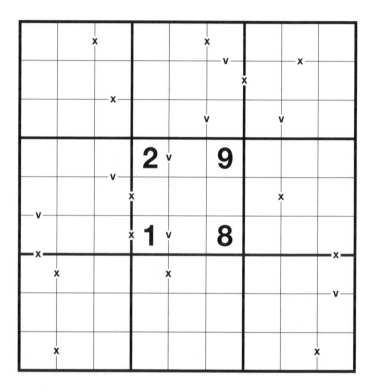

185

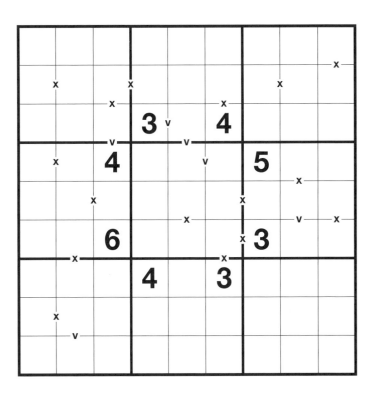

186

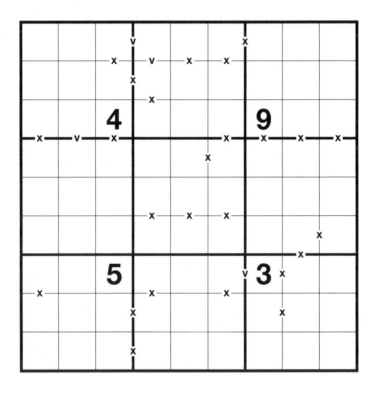

187

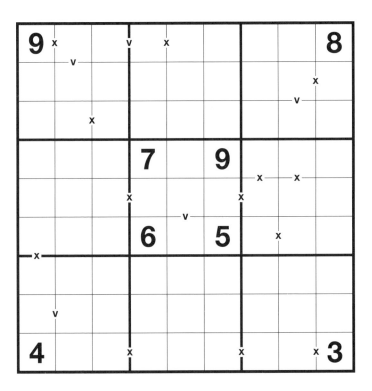

188

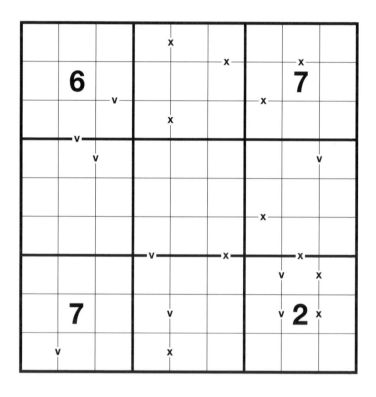

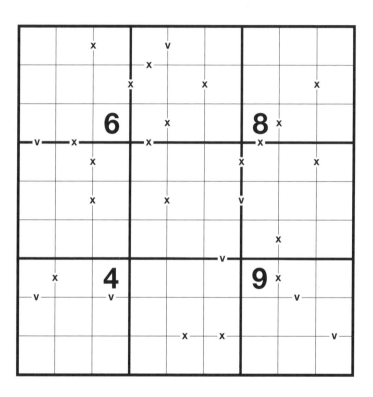

190

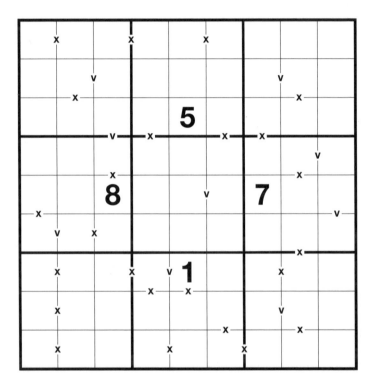

191

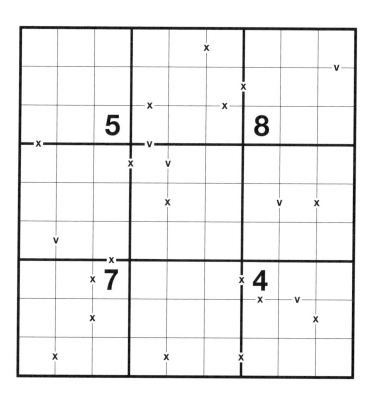

지렁이
스도쿠

유형 소개

일반 스도쿠와 마찬가지로 1부터 9까지의 숫자를 각 가로줄과 세로줄, 3×3 박스에 중복 없이 한 번씩만 넣는다. 이때 지렁이가 지나는 칸의 숫자는 머리 부분부터 1씩 작아진다. 예를 들어 지렁이가 수직으로 네 칸에 걸쳐 그려져 있다면, 이 칸에는 머리 부분부터 8-7-6-5 또는 5-4-3-2처럼 점점 작아지는 연속된 숫자가 들어간다. 오른쪽에 있는 문제 예시를 참고해 보자.

문제 예시

6								4
		4				8		
				7				
				5				
		1					5	

정답

7	8	1	6	2	4	5	9	3
6	5	2	3	9	7	1	8	4
9	4	3	5	1	8	6	7	2
1	9	8	2	6	5	4	3	7
5	2	4	7	3	9	8	6	1
3	6	7	4	8	1	9	2	5
4	3	5	9	7	6	2	1	8
8	7	6	1	5	2	3	4	9
2	1	9	8	4	3	7	5	6

192

	1						5	
9								6
			4		6			
			5		3			
7								9
	5						6	

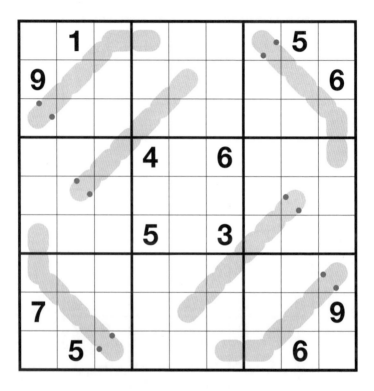

193

		5				1		
4								6
3								1
		7				3		

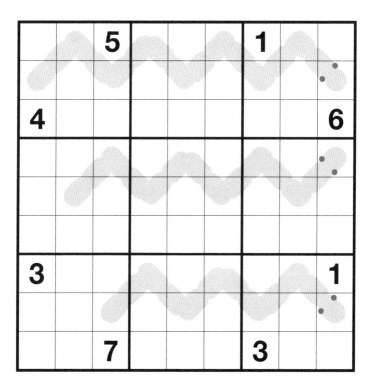

194

			7		1			
				8				
	8			5			9	
		4	9		8	1		
	9			2			8	
				9				
			8		7			

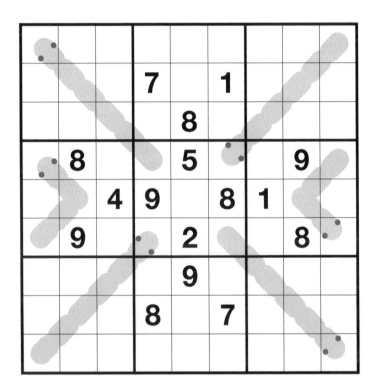

195

			1		7			
9								5
2								3
			7		5			

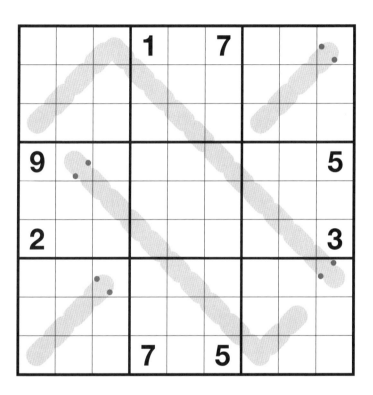

196

				6				
			1		5			
		1				9		
8								3
		9				7		
			8		4			
				3				

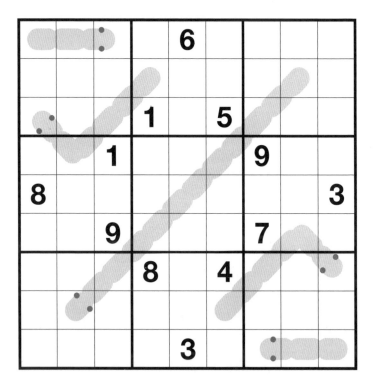

197

				4				
			7		6			
		3				5		
	6						4	
		5				2		
			1		9			
				6				

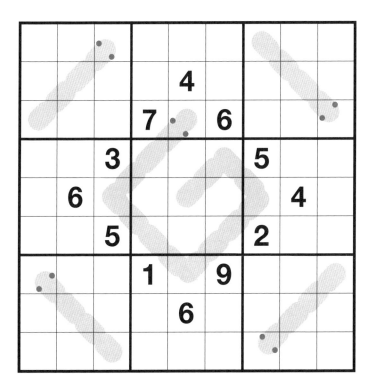

198

	6		1		7		8	
4								5
				8				
8								9
		2				7		
9								8
				4				
6								4
	7		3		8		9	

199

			1		6			
8			6		1			3
				4				
5			3		8			6
			4		9			

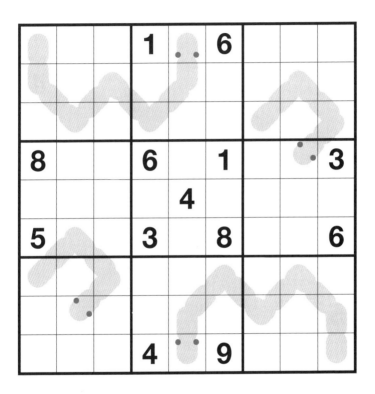

200

	5						2	
1								4
				1				
		9				7		
				9				
5								8
	9						6	

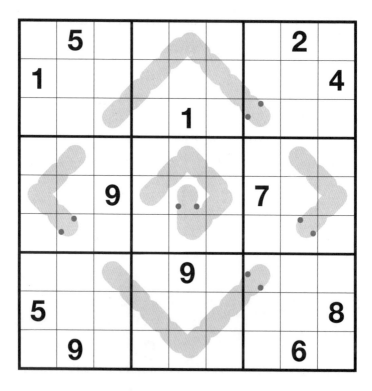

201

				5				
		7				9		
	5						7	
9								4
	2						9	
		9				1		
				6				

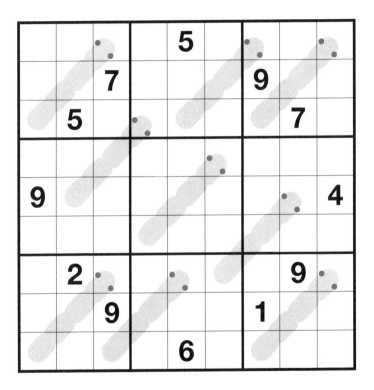

정답

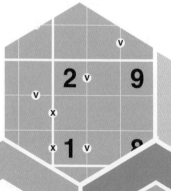

정답

1

7	2	6	3	8	1	9	4	5
1	4	8	5	9	6	7	2	3
9	3	5	4	2	7	6	1	8
5	8	4	6	7	9	2	3	1
3	7	1	2	5	4	8	9	6
2	6	9	8	1	3	4	5	7
4	5	3	7	6	2	1	8	9
6	9	2	1	3	8	5	7	4
8	1	7	9	4	5	3	6	2

2

3	9	4	8	2	7	6	1	5
1	7	8	9	5	6	2	4	3
5	6	2	1	3	4	9	7	8
4	5	7	6	1	2	3	8	9
9	3	1	5	7	8	4	2	6
2	8	6	4	9	3	1	5	7
8	1	9	3	4	5	7	6	2
6	2	3	7	8	1	5	9	4
7	4	5	2	6	9	8	3	1

3

5	8	9	4	1	7	2	6	3
4	2	1	6	3	5	9	7	8
3	6	7	9	2	8	5	1	4
7	4	6	8	5	9	3	2	1
9	5	2	3	6	1	8	4	7
8	1	3	2	7	4	6	5	9
1	3	4	5	8	2	7	9	6
2	9	8	7	4	6	1	3	5
6	7	5	1	9	3	4	8	2

4

1	2	9	8	4	7	6	5	3
3	5	8	9	2	6	7	1	4
6	7	4	1	3	5	9	2	8
5	3	6	4	8	2	1	7	9
9	8	2	7	1	3	4	6	5
4	1	7	6	5	9	8	3	2
8	9	3	5	7	1	2	4	6
7	6	5	2	9	4	3	8	1
2	4	1	3	6	8	5	9	7

정답

5

5	9	7	3	4	6	8	1	2
1	2	6	5	7	8	3	4	9
4	3	8	2	1	9	6	7	5
7	6	5	4	8	1	2	9	3
2	8	1	7	9	3	5	6	4
3	4	9	6	2	5	7	8	1
6	1	2	9	3	7	4	5	8
9	7	4	8	5	2	1	3	6
8	5	3	1	6	4	9	2	7

6

2	8	1	9	4	3	6	5	7
4	7	9	6	2	5	3	1	8
3	6	5	7	8	1	4	2	9
5	3	4	1	9	7	2	8	6
9	1	7	2	6	8	5	3	4
6	2	8	3	5	4	7	9	1
8	9	2	5	7	6	1	4	3
7	4	3	8	1	2	9	6	5
1	5	6	4	3	9	8	7	2

7

6	4	8	1	7	5	2	9	3
2	1	9	8	3	4	7	5	6
5	7	3	9	6	2	1	8	4
7	5	2	6	1	9	3	4	8
9	3	6	4	2	8	5	7	1
4	8	1	3	5	7	9	6	2
3	9	5	2	4	6	8	1	7
8	2	4	7	9	1	6	3	5
1	6	7	5	8	3	4	2	9

8

5	4	7	3	6	9	8	2	1
3	6	1	8	7	2	5	9	4
2	9	8	1	4	5	6	3	7
4	8	9	7	2	1	3	6	5
1	5	2	6	9	3	7	4	8
6	7	3	5	8	4	9	1	2
8	1	6	4	3	7	2	5	9
9	3	5	2	1	8	4	7	6
7	2	4	9	5	6	1	8	3

정답

9

7	9	1	5	6	2	4	8	3
5	8	2	4	7	3	9	1	6
3	4	6	1	9	8	2	7	5
6	1	3	9	5	7	8	2	4
8	2	5	3	4	1	6	9	7
4	7	9	8	2	6	5	3	1
9	6	8	7	3	4	1	5	2
1	3	4	2	8	5	7	6	9
2	5	7	6	1	9	3	4	8

10

5	3	6	7	1	8	4	9	2
4	8	2	5	9	6	1	3	7
7	1	9	3	2	4	5	8	6
3	2	5	1	4	9	7	6	8
8	7	1	6	5	2	9	4	3
6	9	4	8	7	3	2	1	5
9	6	7	4	3	5	8	2	1
2	5	8	9	6	1	3	7	4
1	4	3	2	8	7	6	5	9

11

1	4	8	9	5	6	2	7	3
3	2	7	1	8	4	5	9	6
9	6	5	3	7	2	1	8	4
4	8	6	5	3	7	9	2	1
7	5	3	2	9	1	4	6	8
2	9	1	6	4	8	3	5	7
6	3	4	8	2	9	7	1	5
8	7	2	4	1	5	6	3	9
5	1	9	7	6	3	8	4	2

12

9	2	8	6	5	3	7	1	4
7	4	3	2	1	9	6	8	5
1	5	6	8	4	7	2	3	9
6	9	4	7	3	5	1	2	8
2	3	7	1	9	8	4	5	6
8	1	5	4	2	6	3	9	7
5	8	1	3	7	4	9	6	2
3	7	9	5	6	2	8	4	1
4	6	2	9	8	1	5	7	3

정답

13

7	4	1	3	6	5	2	9	8
8	2	6	9	4	7	3	1	5
9	3	5	8	2	1	4	7	6
6	1	8	7	5	2	9	4	3
4	5	2	1	9	3	6	8	7
3	7	9	6	8	4	1	5	2
5	6	7	2	1	9	8	3	4
2	9	4	5	3	8	7	6	1
1	8	3	4	7	6	5	2	9

14

3	4	5	7	9	6	8	1	2
1	9	2	8	4	5	3	6	7
8	6	7	1	2	3	4	5	9
5	2	9	4	6	1	7	3	8
4	3	6	2	7	8	1	9	5
7	1	8	5	3	9	2	4	6
6	7	1	3	5	2	9	8	4
2	5	3	9	8	4	6	7	1
9	8	4	6	1	7	5	2	3

15

8	9	1	5	6	3	7	4	2
4	5	7	2	9	8	6	3	1
2	6	3	4	7	1	5	9	8
3	2	9	1	5	7	4	8	6
6	4	5	9	8	2	1	7	3
7	1	8	6	3	4	9	2	5
5	7	6	8	2	9	3	1	4
9	8	4	3	1	6	2	5	7
1	3	2	7	4	5	8	6	9

16

4	6	7	2	5	8	3	9	1
2	1	5	6	3	9	7	8	4
8	9	3	7	1	4	6	5	2
5	3	2	4	7	6	9	1	8
9	7	4	3	8	1	2	6	5
6	8	1	9	2	5	4	7	3
1	4	9	8	6	3	5	2	7
3	2	8	5	9	7	1	4	6
7	5	6	1	4	2	8	3	9

정답

17

9	5	2	8	7	4	6	3	1
7	1	6	5	9	3	2	8	4
4	3	8	1	2	6	5	7	9
6	9	5	4	3	8	1	2	7
2	4	7	9	6	1	8	5	3
3	8	1	7	5	2	9	4	6
1	2	3	6	4	5	7	9	8
8	7	4	2	1	9	3	6	5
5	6	9	3	8	7	4	1	2

18

5	9	7	6	3	8	4	2	1
2	8	3	5	4	1	6	9	7
4	1	6	7	2	9	3	8	5
6	3	8	1	9	2	7	5	4
1	4	2	3	5	7	8	6	9
7	5	9	8	6	4	2	1	3
8	6	1	4	7	5	9	3	2
3	2	4	9	1	6	5	7	8
9	7	5	2	8	3	1	4	6

19

8	9	6	3	2	1	7	5	4
1	3	7	4	5	9	2	8	6
4	5	2	7	8	6	9	3	1
7	1	5	8	9	4	6	2	3
2	6	4	5	1	3	8	9	7
9	8	3	6	7	2	4	1	5
3	7	1	9	6	8	5	4	2
6	4	8	2	3	5	1	7	9
5	2	9	1	4	7	3	6	8

20

2	4	6	9	5	8	7	3	1
8	9	5	7	3	1	6	2	4
1	3	7	2	6	4	5	8	9
3	5	2	1	9	7	4	6	8
4	1	8	6	2	3	9	7	5
6	7	9	4	8	5	3	1	2
5	8	1	3	7	9	2	4	6
9	2	3	8	4	6	1	5	7
7	6	4	5	1	2	8	9	3

정답

21

3	6	2	1	8	5	9	7	4
1	7	9	6	4	2	5	3	8
4	8	5	9	7	3	2	6	1
6	1	7	3	5	9	8	4	2
5	3	4	8	2	1	7	9	6
2	9	8	7	6	4	3	1	5
9	2	3	5	1	6	4	8	7
8	4	6	2	9	7	1	5	3
7	5	1	4	3	8	6	2	9

22

8	1	5	4	2	6	9	3	7
7	2	6	3	5	9	1	8	4
4	9	3	7	1	8	2	5	6
9	3	4	5	7	1	8	6	2
6	8	1	9	4	2	3	7	5
2	5	7	6	8	3	4	1	9
5	7	2	8	3	4	6	9	1
1	6	8	2	9	7	5	4	3
3	4	9	1	6	5	7	2	8

23

1	2	9	7	3	8	4	6	5
3	7	4	5	1	6	9	8	2
6	8	5	4	2	9	7	1	3
5	3	1	8	7	4	2	9	6
7	4	8	9	6	2	5	3	1
2	9	6	1	5	3	8	7	4
8	1	2	6	4	7	3	5	9
4	5	7	3	9	1	6	2	8
9	6	3	2	8	5	1	4	7

24

5	2	9	3	1	4	6	7	8
7	4	8	6	9	5	2	1	3
6	3	1	8	7	2	5	9	4
2	9	6	7	4	3	1	8	5
1	5	7	9	6	8	4	3	2
3	8	4	5	2	1	9	6	7
4	7	3	1	5	6	8	2	9
8	6	2	4	3	9	7	5	1
9	1	5	2	8	7	3	4	6

정답

25

9	1	5	2	7	6	3	4	8
3	8	7	4	9	5	2	6	1
2	6	4	8	1	3	5	7	9
8	4	3	7	6	1	9	5	2
1	5	2	3	4	9	7	8	6
6	7	9	5	2	8	4	1	3
7	3	6	9	8	4	1	2	5
5	2	8	1	3	7	6	9	4
4	9	1	6	5	2	8	3	7

26

1	6	3	7	5	9	4	2	8
4	5	7	1	2	8	6	3	9
8	2	9	4	6	3	7	5	1
7	9	5	6	4	2	1	8	3
3	8	2	9	7	1	5	6	4
6	1	4	3	8	5	9	7	2
9	7	6	2	3	4	8	1	5
5	3	1	8	9	7	2	4	6
2	4	8	5	1	6	3	9	7

27

7	1	3	8	4	2	5	9	6
2	6	8	7	9	5	3	4	1
5	4	9	1	6	3	2	7	8
1	3	5	2	7	9	8	6	4
4	9	7	6	3	8	1	2	5
8	2	6	5	1	4	9	3	7
9	8	4	3	5	6	7	1	2
3	7	2	4	8	1	6	5	9
6	5	1	9	2	7	4	8	3

28

8	6	1	2	7	3	9	5	4
2	7	5	6	9	4	8	3	1
9	3	4	1	8	5	7	2	6
1	5	8	4	2	9	6	7	3
6	4	2	7	3	1	5	8	9
3	9	7	5	6	8	4	1	2
4	1	6	3	5	7	2	9	8
5	8	3	9	4	2	1	6	7
7	2	9	8	1	6	3	4	5

정답

29

9	1	6	2	4	7	5	3	8
5	7	8	3	9	1	4	2	6
2	3	4	5	6	8	9	7	1
6	9	5	4	1	2	3	8	7
7	8	2	6	5	3	1	9	4
3	4	1	7	8	9	2	6	5
8	2	7	1	3	4	6	5	9
1	6	3	9	7	5	8	4	2
4	5	9	8	2	6	7	1	3

30

5	3	9	6	1	7	2	8	4
7	6	8	4	2	5	9	1	3
1	2	4	8	3	9	6	7	5
6	1	3	7	9	8	4	5	2
2	9	5	3	4	1	7	6	8
4	8	7	2	5	6	1	3	9
8	4	2	1	6	3	5	9	7
9	7	6	5	8	4	3	2	1
3	5	1	9	7	2	8	4	6

31

7	3	8	5	4	6	9	2	1
6	5	9	2	8	1	4	3	7
1	2	4	9	3	7	6	8	5
2	8	5	6	1	9	7	4	3
3	7	1	4	5	8	2	6	9
9	4	6	3	7	2	5	1	8
8	6	7	1	9	4	3	5	2
5	9	2	8	6	3	1	7	4
4	1	3	7	2	5	8	9	6

32

4	8	1	6	2	9	7	5	3
5	2	6	3	7	4	9	1	8
3	7	9	5	8	1	4	6	2
7	4	5	9	1	2	3	8	6
2	1	3	7	6	8	5	9	4
9	6	8	4	5	3	1	2	7
8	5	2	1	4	7	6	3	9
6	9	4	8	3	5	2	7	1
1	3	7	2	9	6	8	4	5

정답

⬡ 33

4	8	9	1	3	2	6	7	5
2	7	6	5	9	8	1	3	4
1	5	3	7	6	4	2	8	9
5	6	1	3	2	7	4	9	8
8	3	2	6	4	9	7	5	1
7	9	4	8	5	1	3	2	6
9	4	8	2	7	6	5	1	3
6	2	5	9	1	3	8	4	7
3	1	7	4	8	5	9	6	2

⬡ 34

3	7	6	2	9	4	8	5	1
8	9	5	3	1	6	2	7	4
4	1	2	8	7	5	3	9	6
7	4	9	5	3	8	6	1	2
5	2	3	9	6	1	7	4	8
6	8	1	4	2	7	5	3	9
9	3	8	7	4	2	1	6	5
1	5	4	6	8	3	9	2	7
2	6	7	1	5	9	4	8	3

⬡ 35

9	4	5	7	1	6	3	2	8
6	3	8	5	4	2	9	1	7
7	2	1	3	8	9	5	4	6
3	6	2	9	7	4	1	8	5
5	1	9	6	3	8	2	7	4
4	8	7	2	5	1	6	9	3
1	7	6	4	2	5	8	3	9
2	5	4	8	9	3	7	6	1
8	9	3	1	6	7	4	5	2

⬡ 36

4	3	2	1	5	7	9	6	8
1	9	8	6	2	4	3	5	7
5	6	7	3	8	9	2	1	4
7	1	9	5	4	8	6	3	2
6	4	5	2	9	3	8	7	1
8	2	3	7	1	6	4	9	5
2	7	6	4	3	5	1	8	9
3	8	4	9	7	1	5	2	6
9	5	1	8	6	2	7	4	3

정답

⟨37⟩

4	8	1	3	6	9	5	2	7
7	2	3	8	5	1	4	6	9
5	6	9	7	4	2	1	8	3
1	4	8	2	9	6	7	3	5
6	7	2	4	3	5	8	9	1
3	9	5	1	8	7	2	4	6
9	1	7	6	2	8	3	5	4
8	5	4	9	1	3	6	7	2
2	3	6	5	7	4	9	1	8

⟨38⟩

2	6	7	8	4	9	1	3	5
8	5	3	6	7	1	9	4	2
9	1	4	3	2	5	8	7	6
7	8	6	9	1	4	2	5	3
3	2	5	7	8	6	4	1	9
1	4	9	5	3	2	6	8	7
6	7	2	1	5	8	3	9	4
4	3	1	2	9	7	5	6	8
5	9	8	4	6	3	7	2	1

⟨39⟩

2	3	6	1	9	7	8	4	5
7	8	5	4	3	2	6	9	1
9	1	4	5	8	6	2	7	3
8	9	7	6	1	4	5	3	2
6	5	3	8	2	9	7	1	4
1	4	2	3	7	5	9	6	8
4	2	1	7	6	8	3	5	9
5	7	8	9	4	3	1	2	6
3	6	9	2	5	1	4	8	7

⟨40⟩

2	6	7	4	8	1	3	5	9
4	3	5	7	9	6	2	8	1
9	8	1	5	2	3	6	4	7
7	5	4	6	3	2	1	9	8
3	1	8	9	7	5	4	2	6
6	2	9	8	1	4	5	7	3
8	4	2	1	6	7	9	3	5
5	9	6	3	4	8	7	1	2
1	7	3	2	5	9	8	6	4

정답

‹41›

2	6	5	3	8	9	4	7	1
3	1	4	5	7	2	9	8	6
9	8	7	1	4	6	3	2	5
5	4	2	6	1	7	8	3	9
1	3	9	8	2	4	6	5	7
8	7	6	9	3	5	1	4	2
4	2	1	7	6	3	5	9	8
6	9	3	2	5	8	7	1	4
7	5	8	4	9	1	2	6	3

‹42›

1	7	3	8	9	2	6	5	4
4	5	2	6	7	1	3	8	9
9	8	6	5	3	4	2	1	7
3	2	4	9	1	5	8	7	6
7	6	5	4	2	8	9	3	1
8	9	1	7	6	3	4	2	5
5	1	8	2	4	6	7	9	3
6	3	7	1	8	9	5	4	2
2	4	9	3	5	7	1	6	8

‹43›

9	1	6	2	4	7	5	3	8
8	3	7	5	6	9	4	2	1
4	2	5	1	3	8	9	6	7
5	4	9	7	8	6	3	1	2
2	7	3	4	9	1	6	8	5
1	6	8	3	5	2	7	9	4
6	9	2	8	7	5	1	4	3
3	5	1	6	2	4	8	7	9
7	8	4	9	1	3	2	5	6

‹44›

7	2	8	4	1	5	9	6	3
6	3	1	2	9	8	7	5	4
4	9	5	7	6	3	1	2	8
5	6	7	1	8	4	2	3	9
3	8	9	5	7	2	6	4	1
1	4	2	9	3	6	8	7	5
9	1	4	3	2	7	5	8	6
2	5	6	8	4	9	3	1	7
8	7	3	6	5	1	4	9	2

정답

⬡ 45

7	8	6	2	3	5	4	1	9
9	1	2	6	7	4	5	3	8
4	3	5	1	9	8	2	7	6
8	4	1	7	5	9	3	6	2
6	2	9	3	8	1	7	5	4
5	7	3	4	2	6	8	9	1
3	9	4	5	1	2	6	8	7
2	5	8	9	6	7	1	4	3
1	6	7	8	4	3	9	2	5

⬡ 46

9	3	4	8	1	7	6	2	5
2	1	7	5	4	6	9	8	3
8	5	6	3	2	9	4	1	7
1	6	3	9	7	8	5	4	2
4	2	5	1	6	3	7	9	8
7	9	8	2	5	4	3	6	1
6	4	2	7	3	1	8	5	9
3	8	1	4	9	5	2	7	6
5	7	9	6	8	2	1	3	4

⬡ 47

9	4	7	6	3	8	5	1	2
1	8	2	5	9	7	4	6	3
3	5	6	1	2	4	8	9	7
6	1	3	9	4	5	7	2	8
4	7	9	8	6	2	1	3	5
8	2	5	3	7	1	9	4	6
5	3	4	2	8	9	6	7	1
2	9	8	7	1	6	3	5	4
7	6	1	4	5	3	2	8	9

⬡ 48

4	1	8	3	6	5	7	9	2
6	7	2	4	1	9	8	5	3
3	5	9	2	8	7	6	1	4
7	6	5	8	9	3	4	2	1
1	8	3	5	2	4	9	6	7
2	9	4	1	7	6	3	8	5
5	2	7	9	3	8	1	4	6
9	4	6	7	5	1	2	3	8
8	3	1	6	4	2	5	7	9

정답

49

8	9	5	2	6	4	7	3	1
3	1	2	7	9	8	6	4	5
4	6	7	5	3	1	2	9	8
2	8	1	6	7	3	9	5	4
7	5	3	1	4	9	8	6	2
9	4	6	8	5	2	3	1	7
1	7	9	4	2	6	5	8	3
6	2	4	3	8	5	1	7	9
5	3	8	9	1	7	4	2	6

50

8	3	6	1	2	4	9	5	7
1	9	2	7	5	6	8	3	4
5	4	7	3	8	9	1	6	2
3	5	9	8	4	1	7	2	6
6	7	4	9	3	2	5	8	1
2	8	1	5	6	7	3	4	9
7	6	5	4	1	3	2	9	8
4	1	3	2	9	8	6	7	5
9	2	8	6	7	5	4	1	3

51

1	2	4	8	5	7	9	6	3
3	7	5	2	9	6	1	8	4
6	9	8	3	4	1	7	2	5
2	5	7	9	1	3	8	4	6
8	6	1	7	2	4	3	5	9
4	3	9	5	6	8	2	1	7
5	8	3	4	7	2	6	9	1
9	1	2	6	3	5	4	7	8
7	4	6	1	8	9	5	3	2

52

8	2	9	6	1	7	4	3	5
5	4	1	2	8	3	6	9	7
3	7	6	5	9	4	1	2	8
7	9	2	8	6	5	3	1	4
6	3	4	1	7	9	8	5	2
1	8	5	4	3	2	9	7	6
4	5	8	3	2	1	7	6	9
2	1	7	9	4	6	5	8	3
9	6	3	7	5	8	2	4	1

정답

53

5	4	9	8	2	3	1	7	6
8	6	7	1	4	9	3	5	2
1	3	2	5	6	7	4	8	9
4	2	8	3	7	5	6	9	1
9	7	5	6	1	2	8	4	3
3	1	6	9	8	4	7	2	5
6	5	3	7	9	8	2	1	4
2	8	1	4	5	6	9	3	7
7	9	4	2	3	1	5	6	8

54

3	1	9	6	7	2	4	5	8
7	4	8	9	5	3	6	2	1
6	5	2	4	8	1	3	9	7
1	2	6	8	4	9	7	3	5
8	7	4	3	2	5	1	6	9
9	3	5	1	6	7	2	8	4
5	9	7	2	1	6	8	4	3
2	8	3	7	9	4	5	1	6
4	6	1	5	3	8	9	7	2

55

8	3	7	1	4	2	6	9	5
9	4	5	8	3	6	2	7	1
1	6	2	5	7	9	8	4	3
3	2	6	9	5	8	4	1	7
7	8	1	4	2	3	9	5	6
5	9	4	7	6	1	3	8	2
2	5	8	3	1	4	7	6	9
6	7	9	2	8	5	1	3	4
4	1	3	6	9	7	5	2	8

56

9	7	5	2	6	3	4	8	1
1	6	8	5	4	9	3	2	7
3	2	4	1	8	7	6	9	5
5	3	1	9	2	6	7	4	8
6	8	9	4	7	5	1	3	2
7	4	2	8	3	1	5	6	9
4	1	6	7	9	2	8	5	3
2	5	3	6	1	8	9	7	4
8	9	7	3	5	4	2	1	6

정답

57

7	6	2	5	9	4	3	8	1
4	5	9	3	8	1	6	2	7
8	1	3	2	7	6	9	5	4
3	7	5	9	1	2	4	6	8
6	9	1	4	5	8	2	7	3
2	8	4	6	3	7	5	1	9
5	4	7	1	6	3	8	9	2
1	2	6	8	4	9	7	3	5
9	3	8	7	2	5	1	4	6

58

4	9	3	5	2	7	1	6	8
7	2	6	8	3	1	5	4	9
8	1	5	4	9	6	3	7	2
9	8	2	6	4	3	7	1	5
1	6	4	7	5	2	9	8	3
5	3	7	1	8	9	6	2	4
2	5	1	3	7	8	4	9	6
6	4	8	9	1	5	2	3	7
3	7	9	2	6	4	8	5	1

59

4	1	7	9	6	3	2	5	8
9	2	5	4	8	1	7	3	6
6	8	3	5	7	2	9	4	1
1	5	4	7	3	8	6	9	2
3	7	6	1	2	9	5	8	4
2	9	8	6	5	4	1	7	3
8	6	1	3	9	5	4	2	7
5	4	2	8	1	7	3	6	9
7	3	9	2	4	6	8	1	5

60

1	2	9	7	4	6	5	8	3
4	7	6	5	8	3	9	2	1
5	8	3	1	9	2	4	7	6
6	3	7	4	1	9	8	5	2
9	1	4	2	5	8	6	3	7
8	5	2	3	6	7	1	4	9
3	6	5	8	7	1	2	9	4
2	4	1	9	3	5	7	6	8
7	9	8	6	2	4	3	1	5

정답

<61>

5	4	2	7	6	8	3	9	1
3	8	7	9	1	2	5	6	4
6	9	1	3	4	5	8	7	2
9	7	5	4	2	6	1	8	3
1	3	4	8	5	7	9	2	6
8	2	6	1	9	3	4	5	7
4	6	8	5	7	1	2	3	9
7	5	9	2	3	4	6	1	8
2	1	3	6	8	9	7	4	5

<62>

5	8	6	2	7	4	1	9	3
9	4	7	5	3	1	6	8	2
3	2	1	8	9	6	5	4	7
2	1	9	3	5	8	7	6	4
4	7	8	6	2	9	3	5	1
6	5	3	4	1	7	8	2	9
1	9	4	7	6	5	2	3	8
7	3	5	9	8	2	4	1	6
8	6	2	1	4	3	9	7	5

<63>

8	3	2	5	1	9	4	7	6
7	4	9	6	3	2	5	1	8
6	1	5	8	4	7	3	9	2
4	5	7	1	8	6	9	2	3
1	9	8	2	7	3	6	4	5
2	6	3	9	5	4	1	8	7
9	8	1	7	6	5	2	3	4
3	7	6	4	2	1	8	5	9
5	2	4	3	9	8	7	6	1

<64>

1	3	6	4	7	8	2	5	9
8	7	9	1	5	2	4	6	3
5	4	2	9	6	3	7	8	1
2	5	7	3	4	6	1	9	8
4	8	1	2	9	5	6	3	7
6	9	3	8	1	7	5	2	4
9	2	5	7	3	1	8	4	6
3	1	8	6	2	4	9	7	5
7	6	4	5	8	9	3	1	2

정답

65

2	9	5	8	1	3	6	4	7
8	6	7	4	5	9	3	2	1
3	1	4	2	7	6	9	5	8
5	2	1	6	8	7	4	9	3
7	3	6	9	4	5	1	8	2
4	8	9	3	2	1	5	7	6
6	5	3	7	9	2	8	1	4
1	7	8	5	3	4	2	6	9
9	4	2	1	6	8	7	3	5

66

4	7	5	2	6	3	8	1	9
8	6	2	1	9	4	3	5	7
1	9	3	5	8	7	4	2	6
7	5	8	6	4	1	2	9	3
6	3	9	8	7	2	1	4	5
2	1	4	3	5	9	7	6	8
5	8	1	7	2	6	9	3	4
3	4	7	9	1	5	6	8	2
9	2	6	4	3	8	5	7	1

67

7	2	5	9	6	8	1	4	3
9	6	4	1	7	3	8	5	2
8	3	1	5	2	4	7	6	9
1	9	2	4	3	7	6	8	5
5	7	3	8	1	6	2	9	4
4	8	6	2	5	9	3	1	7
3	1	9	6	4	2	5	7	8
6	4	7	3	8	5	9	2	1
2	5	8	7	9	1	4	3	6

68

4	5	7	2	1	3	8	9	6
3	1	8	9	6	7	5	4	2
2	9	6	8	4	5	7	3	1
5	7	1	6	2	4	9	8	3
9	3	4	1	7	8	6	2	5
6	8	2	3	5	9	1	7	4
1	6	9	7	3	2	4	5	8
8	2	5	4	9	6	3	1	7
7	4	3	5	8	1	2	6	9

69

1	4	3	9	7	5	8	6	2
9	8	2	6	1	3	4	7	5
6	7	5	8	2	4	9	1	3
2	9	7	1	6	8	3	5	4
5	3	8	4	9	7	6	2	1
4	1	6	5	3	2	7	9	8
7	5	1	3	8	9	2	4	6
3	2	4	7	5	6	1	8	9
8	6	9	2	4	1	5	3	7

70

2	8	6	4	7	3	9	5	1
7	1	5	6	9	8	2	3	4
3	4	9	1	2	5	7	6	8
9	7	8	5	4	1	3	2	6
6	2	1	8	3	9	5	4	7
4	5	3	7	6	2	8	1	9
1	3	7	2	8	4	6	9	5
5	6	2	9	1	7	4	8	3
8	9	4	3	5	6	1	7	2

71

6	7	5	8	1	3	2	4	9
9	3	4	7	6	2	5	1	8
8	1	2	5	4	9	3	6	7
7	8	1	9	3	6	4	2	5
3	5	9	2	8	4	6	7	1
2	4	6	1	5	7	9	8	3
5	2	3	4	7	1	8	9	6
4	6	7	3	9	8	1	5	2
1	9	8	6	2	5	7	3	4

72

5	6	1	9	3	2	7	8	4
3	2	8	7	5	4	6	9	1
9	4	7	6	1	8	2	3	5
2	7	9	3	8	1	5	4	6
1	8	3	5	4	6	9	7	2
6	5	4	2	9	7	8	1	3
4	1	2	8	7	5	3	6	9
7	9	5	4	6	3	1	2	8
8	3	6	1	2	9	4	5	7

정답

73

2	7	8	3	5	1	4	9	6
1	9	4	7	8	6	5	3	2
3	5	6	4	2	9	1	8	7
4	6	5	9	3	2	8	7	1
8	2	3	1	6	7	9	5	4
9	1	7	8	4	5	2	6	3
7	3	1	2	9	8	6	4	5
5	4	9	6	1	3	7	2	8
6	8	2	5	7	4	3	1	9

74

1	5	9	3	7	2	6	4	8
4	8	7	9	5	6	1	3	2
3	2	6	8	1	4	5	9	7
9	4	5	2	8	3	7	6	1
7	6	8	4	9	1	3	2	5
2	1	3	5	6	7	4	8	9
6	7	4	1	2	9	8	5	3
8	3	2	7	4	5	9	1	6
5	9	1	6	3	8	2	7	4

75

5	2	4	6	8	9	3	1	7
6	1	9	5	3	7	8	4	2
8	3	7	1	2	4	6	9	5
7	8	1	4	9	6	5	2	3
9	6	3	2	1	5	7	8	4
4	5	2	3	7	8	9	6	1
2	7	6	9	5	1	4	3	8
3	4	8	7	6	2	1	5	9
1	9	5	8	4	3	2	7	6

76

2	6	8	7	9	1	4	3	5
7	9	3	2	4	5	8	6	1
1	5	4	8	6	3	7	9	2
5	8	9	6	2	4	3	1	7
4	3	1	5	8	7	9	2	6
6	2	7	1	3	9	5	4	8
9	1	5	3	7	2	6	8	4
3	7	6	4	1	8	2	5	9
8	4	2	9	5	6	1	7	3

정답

⟨77⟩

8	9	7	3	4	6	1	2	5
6	1	4	8	2	5	7	9	3
2	5	3	7	1	9	6	8	4
3	7	8	5	6	2	9	4	1
4	2	9	1	7	8	3	5	6
5	6	1	9	3	4	8	7	2
9	8	2	6	5	1	4	3	7
7	4	6	2	8	3	5	1	9
1	3	5	4	9	7	2	6	8

⟨78⟩

4	1	7	9	8	5	2	6	3
9	8	3	7	2	6	4	5	1
5	2	6	4	3	1	7	9	8
1	3	9	6	5	2	8	7	4
8	7	4	1	9	3	6	2	5
6	5	2	8	7	4	3	1	9
7	4	1	5	6	8	9	3	2
3	9	5	2	4	7	1	8	6
2	6	8	3	1	9	5	4	7

⟨79⟩

9	5	1	7	3	2	4	8	6
4	2	6	5	1	8	9	3	7
8	3	7	4	6	9	2	1	5
3	6	8	1	9	4	5	7	2
2	4	9	8	5	7	1	6	3
1	7	5	6	2	3	8	4	9
5	9	4	3	7	1	6	2	8
7	8	2	9	4	6	3	5	1
6	1	3	2	8	5	7	9	4

⟨80⟩

5	2	6	7	4	9	8	3	1
7	4	8	3	1	2	9	6	5
1	3	9	6	5	8	7	2	4
2	7	1	9	8	3	4	5	6
6	8	4	5	2	7	1	9	3
9	5	3	1	6	4	2	7	8
4	9	2	8	3	5	6	1	7
8	1	5	2	7	6	3	4	9
3	6	7	4	9	1	5	8	2

81

3	6	5	1	2	7	4	8	9
9	2	8	6	4	3	1	5	7
4	7	1	5	8	9	6	2	3
6	5	2	9	1	4	3	7	8
7	3	4	8	5	2	9	1	6
1	8	9	7	3	6	5	4	2
2	1	7	3	6	5	8	9	4
5	4	6	2	9	8	7	3	1
8	9	3	4	7	1	2	6	5

82

1	4	2	5	6	7	8	9	3
5	7	8	3	2	9	6	4	1
3	6	9	8	1	4	5	7	2
8	5	4	7	3	6	1	2	9
9	1	6	4	5	2	7	3	8
2	3	7	9	8	1	4	5	6
4	8	1	2	9	5	3	6	7
7	9	3	6	4	8	2	1	5
6	2	5	1	7	3	9	8	4

83

7	5	9	3	2	8	1	6	4
3	8	4	5	1	6	9	2	7
6	1	2	7	9	4	5	8	3
4	3	6	2	7	5	8	1	9
5	9	1	6	8	3	4	7	2
8	2	7	9	4	1	3	5	6
1	4	3	8	6	2	7	9	5
9	6	8	4	5	7	2	3	1
2	7	5	1	3	9	6	4	8

84

5	8	9	2	3	4	7	1	6
6	1	4	7	5	9	2	8	3
2	3	7	1	6	8	9	4	5
7	4	5	8	2	6	3	9	1
8	2	6	3	9	1	4	5	7
3	9	1	4	7	5	8	6	2
4	6	2	9	1	7	5	3	8
1	7	8	5	4	3	6	2	9
9	5	3	6	8	2	1	7	4

정답

85

2	7	5	8	6	3	1	4	9
6	4	9	7	1	5	3	8	2
3	1	8	9	2	4	6	7	5
4	9	6	1	7	2	8	5	3
1	8	7	3	5	9	2	6	4
5	3	2	6	4	8	9	1	7
8	5	4	2	9	1	7	3	6
9	6	3	5	8	7	4	2	1
7	2	1	4	3	6	5	9	8

86

1	5	6	9	7	4	2	8	3
4	2	9	8	3	5	6	1	7
3	8	7	1	2	6	4	5	9
5	3	2	4	8	1	7	9	6
9	7	8	2	6	3	5	4	1
6	4	1	7	5	9	3	2	8
7	9	5	3	1	2	8	6	4
8	6	4	5	9	7	1	3	2
2	1	3	6	4	8	9	7	5

87

1	5	4	6	3	8	7	2	9
7	3	2	5	9	4	8	6	1
8	6	9	7	1	2	4	5	3
6	4	7	3	5	9	1	8	2
9	8	1	2	6	7	5	3	4
5	2	3	4	8	1	9	7	6
3	1	5	9	7	6	2	4	8
4	7	8	1	2	3	6	9	5
2	9	6	8	4	5	3	1	7

88

6	5	2	3	4	9	7	8	1
7	1	9	6	5	8	4	3	2
4	8	3	2	1	7	6	9	5
5	2	1	7	8	6	9	4	3
9	7	6	4	3	2	1	5	8
3	4	8	1	9	5	2	7	6
1	3	7	5	2	4	8	6	9
2	9	4	8	6	3	5	1	7
8	6	5	9	7	1	3	2	4

정답

89

9	4	8	6	5	3	2	1	7
3	7	5	4	2	1	9	6	8
6	2	1	9	8	7	5	4	3
1	8	2	7	6	5	4	3	9
5	6	3	2	9	4	7	8	1
7	9	4	1	3	8	6	2	5
8	1	7	5	4	2	3	9	6
2	3	9	8	7	6	1	5	4
4	5	6	3	1	9	8	7	2

90

3	5	7	1	4	9	6	2	8
6	8	4	2	7	3	9	5	1
2	1	9	5	8	6	7	3	4
5	4	2	6	9	7	1	8	3
1	9	8	3	5	2	4	7	6
7	3	6	8	1	4	5	9	2
8	2	5	7	6	1	3	4	9
9	6	3	4	2	5	8	1	7
4	7	1	9	3	8	2	6	5

91

2	3	1	7	4	8	9	6	5
4	8	9	5	3	6	7	1	2
7	6	5	2	9	1	8	3	4
6	7	2	8	1	4	3	5	9
3	1	4	9	2	5	6	8	7
5	9	8	6	7	3	2	4	1
1	5	7	3	6	2	4	9	8
8	2	3	4	5	9	1	7	6
9	4	6	1	8	7	5	2	3

92

2	9	1	3	7	6	5	8	4
8	5	3	1	4	9	7	2	6
7	4	6	5	8	2	1	3	9
4	1	2	8	9	7	3	6	5
5	3	9	6	1	4	8	7	2
6	7	8	2	3	5	9	4	1
9	2	5	7	6	8	4	1	3
1	6	7	4	5	3	2	9	8
3	8	4	9	2	1	6	5	7

정답

93

8	9	2	5	4	1	6	3	7
1	4	3	6	9	7	2	5	8
6	5	7	3	8	2	4	1	9
9	3	5	4	7	6	1	8	2
7	8	4	2	1	5	9	6	3
2	6	1	8	3	9	7	4	5
3	2	9	1	5	4	8	7	6
4	7	8	9	6	3	5	2	1
5	1	6	7	2	8	3	9	4

94

8	3	9	5	1	2	7	4	6
6	7	5	3	8	4	2	1	9
4	1	2	7	9	6	8	5	3
2	4	6	1	5	3	9	7	8
3	5	7	9	4	8	1	6	2
9	8	1	6	2	7	5	3	4
7	9	4	8	6	1	3	2	5
1	6	8	2	3	5	4	9	7
5	2	3	4	7	9	6	8	1

95

5	2	1	4	3	6	9	8	7
7	4	9	8	5	1	3	2	6
8	3	6	7	2	9	5	1	4
3	7	4	5	9	2	8	6	1
9	1	2	6	8	3	7	4	5
6	5	8	1	7	4	2	9	3
1	8	3	9	4	5	6	7	2
2	6	7	3	1	8	4	5	9
4	9	5	2	6	7	1	3	8

96

5	9	1	3	8	6	2	4	7
7	8	6	2	5	4	1	9	3
4	3	2	1	9	7	8	6	5
3	4	5	9	2	1	6	7	8
6	2	9	8	7	3	4	5	1
1	7	8	4	6	5	9	3	2
9	6	3	5	1	8	7	2	4
8	5	7	6	4	2	3	1	9
2	1	4	7	3	9	5	8	6

정답

97

6	4	9	3	7	2	8	5	1
2	1	7	9	8	5	4	3	6
8	5	3	6	4	1	2	7	9
3	2	5	7	6	4	9	1	8
9	8	4	2	1	3	5	6	7
7	6	1	8	5	9	3	2	4
4	3	6	1	2	8	7	9	5
5	7	2	4	9	6	1	8	3
1	9	8	5	3	7	6	4	2

98

9	8	3	2	5	7	6	4	1
7	4	6	1	8	3	2	5	9
1	2	5	6	4	9	7	3	8
3	9	8	7	1	2	5	6	4
2	7	1	4	6	5	9	8	3
5	6	4	3	9	8	1	2	7
4	1	7	8	2	6	3	9	5
6	3	9	5	7	4	8	1	2
8	5	2	9	3	1	4	7	6

99

1	4	9	7	2	6	5	3	8
6	5	7	4	8	3	2	9	1
8	2	3	5	1	9	6	4	7
7	1	8	9	5	4	3	6	2
4	3	5	2	6	8	1	7	9
2	9	6	3	7	1	8	5	4
3	6	1	8	4	7	9	2	5
5	8	4	6	9	2	7	1	3
9	7	2	1	3	5	4	8	6

100

3	8	1	5	6	9	7	2	4
5	2	6	8	4	7	9	3	1
7	4	9	3	1	2	6	5	8
2	7	5	6	9	1	4	8	3
1	6	3	7	8	4	5	9	2
8	9	4	2	3	5	1	7	6
9	5	8	4	2	6	3	1	7
4	3	7	1	5	8	2	6	9
6	1	2	9	7	3	8	4	5

정답

⟨101⟩

5	6	4	7	1	9	8	2	3
2	1	3	6	8	4	9	7	5
7	9	8	2	5	3	4	1	6
1	7	5	8	9	2	6	3	4
8	4	2	3	7	6	1	5	9
6	3	9	1	4	5	7	8	2
9	5	7	4	2	1	3	6	8
4	8	6	5	3	7	2	9	1
3	2	1	9	6	8	5	4	7

⟨102⟩

5	4	1	6	9	8	3	2	7
2	6	8	5	7	3	4	9	1
9	7	3	4	1	2	5	6	8
7	8	4	2	3	6	9	1	5
6	3	9	7	5	1	8	4	2
1	2	5	8	4	9	7	3	6
4	9	2	1	8	7	6	5	3
8	5	6	3	2	4	1	7	9
3	1	7	9	6	5	2	8	4

⟨103⟩

1	7	9	2	8	5	3	6	4
4	5	8	6	3	1	9	2	7
6	3	2	9	7	4	8	5	1
9	6	3	8	4	2	1	7	5
2	4	5	1	9	7	6	8	3
8	1	7	5	6	3	2	4	9
7	2	4	3	1	8	5	9	6
5	9	1	4	2	6	7	3	8
3	8	6	7	5	9	4	1	2

⟨104⟩

4	8	1	6	3	5	9	2	7
5	7	2	8	4	9	6	3	1
6	3	9	7	1	2	8	4	5
8	4	7	9	5	6	2	1	3
1	2	3	4	8	7	5	9	6
9	6	5	1	2	3	7	8	4
2	9	4	5	7	1	3	6	8
7	1	6	3	9	8	4	5	2
3	5	8	2	6	4	1	7	9

정답

〈105〉

8	1	4	6	5	2	7	9	3
3	9	5	7	4	8	1	2	6
7	2	6	1	9	3	4	5	8
6	5	1	8	2	9	3	7	4
9	7	8	4	3	1	5	6	2
4	3	2	5	7	6	9	8	1
2	6	7	9	1	4	8	3	5
5	4	3	2	8	7	6	1	9
1	8	9	3	6	5	2	4	7

〈106〉

4	9	8	7	5	2	6	3	1
2	6	5	1	3	8	9	4	7
1	3	7	9	6	4	2	8	5
7	8	4	6	9	1	3	5	2
5	2	6	4	8	3	1	7	9
3	1	9	5	2	7	4	6	8
8	4	1	2	7	6	5	9	3
6	5	3	8	1	9	7	2	4
9	7	2	3	4	5	8	1	6

〈107〉

6	9	1	4	3	2	7	5	8
8	5	3	9	7	6	2	1	4
4	2	7	1	8	5	6	9	3
3	7	8	2	1	9	4	6	5
9	4	2	5	6	7	8	3	1
5	1	6	3	4	8	9	2	7
1	3	9	7	2	4	5	8	6
7	6	5	8	9	1	3	4	2
2	8	4	6	5	3	1	7	9

〈108〉

4	9	3	2	1	7	5	6	8
6	1	8	9	3	5	7	2	4
7	2	5	8	6	4	1	3	9
2	7	6	1	4	3	8	9	5
3	5	1	7	8	9	2	4	6
8	4	9	6	5	2	3	7	1
1	8	7	3	9	6	4	5	2
5	6	2	4	7	1	9	8	3
9	3	4	5	2	8	6	1	7

정답

⟨109⟩

8	7	5	1	2	3	9	4	6
2	3	6	9	4	8	1	7	5
4	1	9	5	6	7	8	3	2
5	6	7	4	8	9	2	1	3
3	2	8	6	7	1	5	9	4
9	4	1	2	3	5	7	6	8
1	8	2	3	9	4	6	5	7
6	5	3	7	1	2	4	8	9
7	9	4	8	5	6	3	2	1

⟨110⟩

9	5	2	8	7	4	6	3	1
6	1	8	3	5	2	4	9	7
3	4	7	9	1	6	8	2	5
4	8	3	7	9	1	2	5	6
1	7	9	2	6	5	3	8	4
5	2	6	4	8	3	7	1	9
2	6	5	1	4	8	9	7	3
8	9	1	6	3	7	5	4	2
7	3	4	5	2	9	1	6	8

⟨111⟩

8	7	3	6	9	2	5	4	1
6	2	9	1	4	5	8	7	3
4	1	5	7	8	3	6	2	9
3	6	8	9	5	7	2	1	4
5	4	1	2	3	6	7	9	8
2	9	7	8	1	4	3	6	5
9	8	2	3	7	1	4	5	6
1	5	6	4	2	8	9	3	7
7	3	4	5	6	9	1	8	2

⟨112⟩

6	9	4	5	1	7	3	2	8
2	5	8	3	6	4	9	7	1
7	1	3	2	8	9	5	6	4
5	4	1	6	2	8	7	9	3
9	2	6	7	4	3	8	1	5
8	3	7	1	9	5	6	4	2
3	6	5	4	7	1	2	8	9
1	7	9	8	5	2	4	3	6
4	8	2	9	3	6	1	5	7

정답

113

9	1	3	5	2	4	8	7	6
2	7	8	9	6	3	1	5	4
5	6	4	8	1	7	3	9	2
6	4	9	7	8	1	2	3	5
8	2	5	4	3	9	7	6	1
7	3	1	2	5	6	4	8	9
3	8	2	1	9	5	6	4	7
4	5	6	3	7	2	9	1	8
1	9	7	6	4	8	5	2	3

114

4	6	5	7	2	3	1	9	8
8	9	1	4	6	5	2	7	3
7	3	2	9	8	1	5	4	6
1	5	3	6	9	4	8	2	7
2	8	9	3	1	7	6	5	4
6	4	7	8	5	2	9	3	1
9	2	4	1	3	6	7	8	5
3	1	8	5	7	9	4	6	2
5	7	6	2	4	8	3	1	9

115

7	4	8	5	9	2	1	6	3
6	2	5	1	4	3	7	9	8
1	3	9	6	7	8	4	2	5
3	5	1	4	2	9	8	7	6
8	9	4	3	6	7	2	5	1
2	6	7	8	1	5	9	3	4
4	8	2	7	3	6	5	1	9
9	1	6	2	5	4	3	8	7
5	7	3	9	8	1	6	4	2

116

9	4	7	3	1	6	8	5	2
8	2	5	4	9	7	3	6	1
6	1	3	2	8	5	7	4	9
1	6	2	7	4	3	9	8	5
7	5	8	9	2	1	6	3	4
3	9	4	6	5	8	1	2	7
4	7	6	5	3	9	2	1	8
5	8	9	1	6	2	4	7	3
2	3	1	8	7	4	5	9	6

정답

⟨117⟩

2	7	4	8	3	6	9	5	1
8	3	1	9	4	5	6	7	2
6	5	9	1	2	7	3	8	4
5	4	8	6	1	2	7	3	9
7	6	3	5	9	4	2	1	8
1	9	2	7	8	3	5	4	6
9	8	7	2	5	1	4	6	3
3	1	5	4	6	9	8	2	7
4	2	6	3	7	8	1	9	5

⟨118⟩

7	1	4	2	9	6	3	8	5
2	8	5	4	3	7	6	1	9
3	6	9	5	1	8	4	7	2
5	9	3	1	8	2	7	4	6
1	4	7	3	6	9	2	5	8
8	2	6	7	4	5	9	3	1
9	7	8	6	5	3	1	2	4
6	3	1	8	2	4	5	9	7
4	5	2	9	7	1	8	6	3

⟨119⟩

4	7	6	2	5	8	3	9	1
2	9	1	6	4	3	7	5	8
8	5	3	7	9	1	4	2	6
3	8	4	9	7	2	1	6	5
7	2	5	4	1	6	8	3	9
6	1	9	8	3	5	2	7	4
1	4	7	3	6	9	5	8	2
9	3	8	5	2	4	6	1	7
5	6	2	1	8	7	9	4	3

⟨120⟩

7	1	3	9	2	4	5	8	6
2	5	6	1	8	7	4	3	9
8	9	4	5	6	3	7	1	2
3	2	5	4	1	6	8	9	7
4	6	7	8	5	9	1	2	3
1	8	9	3	7	2	6	5	4
6	7	1	2	9	8	3	4	5
9	3	8	6	4	5	2	7	1
5	4	2	7	3	1	9	6	8

121

5	1	6	2	4	9	7	8	3
7	2	8	3	5	6	1	9	4
4	9	3	1	8	7	5	6	2
9	8	7	4	1	3	6	2	5
2	3	4	8	6	5	9	1	7
1	6	5	9	7	2	3	4	8
3	4	9	5	2	1	8	7	6
8	7	1	6	3	4	2	5	9
6	5	2	7	9	8	4	3	1

122

5	4	7	2	8	6	9	1	3
8	9	1	3	4	7	6	2	5
2	6	3	1	9	5	7	4	8
7	3	2	8	1	9	5	6	4
6	5	8	7	2	4	3	9	1
9	1	4	5	6	3	2	8	7
4	2	5	6	3	8	1	7	9
3	8	6	9	7	1	4	5	2
1	7	9	4	5	2	8	3	6

123

8	9	3	6	1	2	7	4	5
1	2	4	5	8	7	6	3	9
7	6	5	3	4	9	2	1	8
9	5	6	7	3	1	8	2	4
4	7	2	8	6	5	1	9	3
3	1	8	2	9	4	5	7	6
6	8	7	4	2	3	9	5	1
2	4	1	9	5	8	3	6	7
5	3	9	1	7	6	4	8	2

124

6	3	1	5	4	9	2	8	7
9	4	5	7	2	8	6	1	3
8	7	2	3	1	6	4	9	5
1	8	7	2	9	5	3	6	4
2	9	4	6	3	1	7	5	8
5	6	3	4	8	7	9	2	1
7	2	8	9	5	4	1	3	6
4	1	9	8	6	3	5	7	2
3	5	6	1	7	2	8	4	9

정답

125

8	5	1	4	6	3	7	9	2
6	4	3	2	7	9	5	1	8
7	9	2	8	5	1	4	6	3
4	3	7	9	1	8	2	5	6
1	6	8	5	2	7	9	3	4
5	2	9	6	3	4	1	8	7
3	7	6	1	9	2	8	4	5
2	1	4	3	8	5	6	7	9
9	8	5	7	4	6	3	2	1

126

9	7	3	4	2	5	6	1	8
1	2	6	7	8	3	5	4	9
8	5	4	6	1	9	2	3	7
7	3	5	2	4	8	9	6	1
4	1	2	9	7	6	8	5	3
6	8	9	3	5	1	7	2	4
2	9	7	1	6	4	3	8	5
3	4	8	5	9	2	1	7	6
5	6	1	8	3	7	4	9	2

127

3	7	8	6	1	2	5	4	9
5	2	4	3	9	7	6	1	8
9	6	1	5	4	8	3	2	7
8	5	3	4	2	6	9	7	1
7	9	2	1	3	5	4	8	6
4	1	6	7	8	9	2	5	3
2	4	7	9	6	1	8	3	5
6	3	5	8	7	4	1	9	2
1	8	9	2	5	3	7	6	4

128

2	9	6	5	1	3	7	8	4
3	7	5	4	9	8	1	6	2
1	4	8	6	7	2	9	3	5
7	1	4	8	3	5	2	9	6
9	8	2	1	6	4	3	5	7
5	6	3	7	2	9	8	4	1
6	5	7	9	8	1	4	2	3
8	3	1	2	4	6	5	7	9
4	2	9	3	5	7	6	1	8

정답

⬡ 129

8	5	3	4	6	7	1	9	2
2	9	1	3	8	5	4	6	7
4	6	7	9	1	2	5	3	8
7	3	6	5	4	9	8	2	1
1	4	9	2	7	8	6	5	3
5	2	8	6	3	1	7	4	9
9	7	4	1	2	6	3	8	5
6	8	2	7	5	3	9	1	4
3	1	5	8	9	4	2	7	6

⬡ 130

5	2	1	6	4	9	3	8	7
3	6	7	1	8	2	9	4	5
4	8	9	3	5	7	6	1	2
1	7	4	5	9	6	8	2	3
2	9	3	8	7	1	5	6	4
6	5	8	2	3	4	7	9	1
9	3	2	4	6	5	1	7	8
7	1	5	9	2	8	4	3	6
8	4	6	7	1	3	2	5	9

⬡ 131

3	6	9	5	4	1	2	7	8
4	2	1	8	7	6	5	9	3
8	5	7	3	2	9	1	4	6
5	3	2	7	1	8	4	6	9
9	4	8	6	5	2	3	1	7
1	7	6	4	9	3	8	2	5
7	8	5	2	6	4	9	3	1
2	9	3	1	8	7	6	5	4
6	1	4	9	3	5	7	8	2

⬡ 132

2	6	9	8	7	5	1	3	4
8	7	3	6	4	1	2	9	5
4	1	5	9	2	3	6	7	8
7	9	8	1	5	2	4	6	3
5	2	6	4	3	8	7	1	9
3	4	1	7	6	9	8	5	2
6	5	4	2	9	7	3	8	1
9	8	2	3	1	6	5	4	7
1	3	7	5	8	4	9	2	6

정답

133

2	3	6	4	5	1	8	9	7
5	1	7	9	6	8	4	3	2
4	9	8	7	2	3	6	5	1
3	6	4	2	1	9	5	7	8
9	8	5	3	7	4	2	1	6
1	7	2	6	8	5	3	4	9
8	2	1	5	3	7	9	6	4
6	5	9	1	4	2	7	8	3
7	4	3	8	9	6	1	2	5

134

2	4	5	3	6	9	7	1	8
8	6	1	5	7	4	9	3	2
3	9	7	1	2	8	6	4	5
9	7	8	4	3	5	1	2	6
5	3	2	8	1	6	4	7	9
4	1	6	7	9	2	5	8	3
1	5	9	2	8	7	3	6	4
7	2	4	6	5	3	8	9	1
6	8	3	9	4	1	2	5	7

135

7	6	8	1	4	5	2	9	3
4	1	3	7	2	9	6	5	8
9	2	5	6	3	8	4	1	7
5	4	6	3	9	1	7	8	2
3	8	1	2	7	4	5	6	9
2	7	9	8	5	6	3	4	1
1	9	7	5	6	3	8	2	4
8	5	2	4	1	7	9	3	6
6	3	4	9	8	2	1	7	5

136

3	8	2	1	6	9	4	7	5
4	6	5	7	3	2	8	1	9
1	9	7	4	5	8	6	3	2
9	4	1	3	8	6	2	5	7
2	7	6	5	4	1	3	9	8
8	5	3	9	2	7	1	6	4
6	3	8	2	7	5	9	4	1
5	1	4	8	9	3	7	2	6
7	2	9	6	1	4	5	8	3

정답

⬡137

2	3	9	4	6	5	1	7	8
6	7	1	2	3	8	9	5	4
5	4	8	9	1	7	6	3	2
3	1	6	7	5	4	8	2	9
4	2	7	3	8	9	5	1	6
8	9	5	6	2	1	3	4	7
9	8	2	1	7	3	4	6	5
1	6	4	5	9	2	7	8	3
7	5	3	8	4	6	2	9	1

⬡138

9	8	2	5	3	4	6	7	1
6	5	3	2	7	1	8	4	9
4	7	1	6	9	8	2	3	5
8	6	7	1	2	3	9	5	4
3	9	4	8	5	6	1	2	7
1	2	5	7	4	9	3	8	6
7	1	8	3	6	5	4	9	2
2	3	9	4	1	7	5	6	8
5	4	6	9	8	2	7	1	3

⬡139

2	7	9	1	5	4	3	8	6
3	5	1	7	8	6	2	9	4
4	6	8	9	2	3	5	1	7
6	9	5	3	1	2	7	4	8
1	2	7	4	6	8	9	3	5
8	4	3	5	9	7	1	6	2
5	8	6	2	3	1	4	7	9
7	1	2	6	4	9	8	5	3
9	3	4	8	7	5	6	2	1

⬡140

4	6	2	3	9	7	5	8	1
5	9	1	2	6	8	4	3	7
3	8	7	4	5	1	9	6	2
8	4	5	7	3	6	2	1	9
1	3	6	9	2	5	7	4	8
7	2	9	8	1	4	6	5	3
6	7	3	1	4	9	8	2	5
2	5	8	6	7	3	1	9	4
9	1	4	5	8	2	3	7	6

정답

141

1	6	8	3	4	2	7	5	9
4	5	7	1	9	6	3	2	8
9	3	2	7	5	8	1	4	6
5	9	6	8	2	1	4	7	3
7	1	4	5	6	3	8	9	2
2	8	3	4	7	9	5	6	1
6	4	1	2	3	7	9	8	5
8	2	5	9	1	4	6	3	7
3	7	9	6	8	5	2	1	4

142

5	1	3	9	6	4	2	8	7
8	2	9	5	7	3	6	4	1
7	4	6	2	1	8	3	9	5
3	7	2	4	8	1	9	5	6
9	8	1	6	5	2	4	7	3
4	3	5	7	9	6	8	1	2
1	6	4	8	3	7	5	2	9
2	5	7	3	4	9	1	6	8
6	9	8	1	2	5	7	3	4

143

7	9	8	2	6	4	1	5	3
4	3	9	5	7	2	6	1	8
6	2	7	8	1	5	4	3	9
3	1	5	9	4	8	2	6	7
2	8	6	3	9	1	5	7	4
8	5	1	7	2	9	3	4	6
1	4	2	6	3	7	8	9	5
5	7	3	4	8	6	9	2	1
9	6	4	1	5	3	7	8	2

144

8	3	6	5	4	7	1	2	9
4	6	1	7	9	5	2	3	8
5	2	3	9	8	1	6	7	4
2	1	8	4	7	9	3	5	6
9	7	5	3	2	4	8	6	1
3	9	7	1	5	6	4	8	2
6	4	9	8	3	2	5	1	7
7	5	2	6	1	8	9	4	3
1	8	4	2	6	3	7	9	5

정답

⟨145⟩

3	6	7	4	1	8	9	5	2
5	8	6	7	4	2	1	9	3
9	2	3	8	5	4	7	6	1
1	3	4	2	9	6	8	7	5
6	5	2	1	7	9	3	8	4
7	4	8	3	6	1	5	2	9
8	9	5	6	2	3	4	1	7
2	1	9	5	3	7	6	4	8
4	7	1	9	8	5	2	3	6

⟨146⟩

1	6	5	9	3	8	7	2	4
6	8	2	4	7	5	3	9	1
2	3	4	5	1	9	6	8	7
9	4	8	1	6	7	2	5	3
8	1	7	6	5	3	9	4	2
7	5	9	3	8	2	4	1	6
3	9	6	2	4	1	5	7	8
5	7	3	8	2	4	1	6	9
4	2	1	7	9	6	8	3	5

⟨147⟩

7	9	4	1	2	5	6	3	8
6	8	2	5	3	9	4	7	1
5	2	8	9	6	4	7	1	3
1	4	3	8	5	7	2	9	6
3	6	5	7	1	2	8	4	9
8	1	7	3	4	6	9	5	2
2	7	6	4	9	1	3	8	5
9	3	1	6	7	8	5	2	4
4	5	9	2	8	3	1	6	7

⟨148⟩

2	5	6	8	7	1	3	9	4
9	1	4	3	2	8	5	7	6
4	6	8	5	9	7	1	2	3
8	7	3	2	1	6	4	5	9
5	9	1	7	3	2	6	4	8
7	8	9	6	4	3	2	1	5
1	3	2	4	6	5	9	8	7
6	4	5	1	8	9	7	3	2
3	2	7	9	5	4	8	6	1

정답

149

1	8	9	3	6	2	7	5	4
5	7	4	8	1	9	3	2	6
4	5	1	9	7	3	8	6	2
2	6	3	7	5	4	1	8	9
7	3	6	5	2	1	9	4	8
8	2	5	6	9	7	4	3	1
9	4	2	1	8	6	5	7	3
6	1	8	4	3	5	2	9	7
3	9	7	2	4	8	6	1	5

150

8	7	1	6	3	4	5	2	9
4	9	2	7	6	5	8	3	1
9	8	6	2	5	3	1	7	4
6	3	9	8	1	2	4	5	7
2	5	4	1	8	7	6	9	3
1	2	5	3	7	8	9	4	6
5	1	7	4	9	6	3	8	2
3	4	8	9	2	1	7	6	5
7	6	3	5	4	9	2	1	8

151

2	8	5	4	6	3	9	1	7
7	6	9	3	1	2	8	4	5
9	5	1	7	2	8	4	3	6
4	1	8	6	3	9	7	5	2
3	9	2	5	7	1	6	8	4
8	7	6	1	5	4	2	9	3
1	3	4	2	8	7	5	6	9
5	2	3	9	4	6	1	7	8
6	4	7	8	9	5	3	2	1

152

7	4	1	6	9	5	8	2	3
6	9	2	3	1	8	7	4	5
8	3	5	7	4	2	6	1	9
3	1	9	4	6	7	2	5	8
4	5	6	8	2	9	1	3	7
2	8	7	5	3	1	4	9	6
1	2	8	9	7	3	5	6	4
5	6	3	1	8	4	9	7	2
9	7	4	2	5	6	3	8	1

정답

153

8	2	5	9	4	7	1	3	6
7	4	3	1	6	2	8	5	9
1	9	6	8	3	5	4	7	2
2	7	9	4	5	8	3	6	1
3	8	1	7	9	6	5	2	4
5	6	4	2	1	3	9	8	7
9	5	7	3	2	4	6	1	8
6	1	2	5	8	9	7	4	3
4	3	8	6	7	1	2	9	5

154

9	8	6	5	7	3	1	4	2
1	5	3	2	9	4	7	8	6
4	7	2	1	8	6	9	3	5
5	9	1	6	2	8	4	7	3
3	2	4	7	5	9	6	1	8
7	6	8	4	3	1	5	2	9
6	4	5	8	1	2	3	9	7
2	3	7	9	4	5	8	6	1
8	1	9	3	6	7	2	5	4

155

1	8	7	4	3	5	2	9	6
4	5	9	6	2	7	1	3	8
2	3	6	1	9	8	7	5	4
5	6	4	9	1	2	3	8	7
9	7	1	8	5	3	6	4	2
8	2	3	7	4	6	5	1	9
7	4	5	2	8	1	9	6	3
3	9	2	5	6	4	8	7	1
6	1	8	3	7	9	4	2	5

156

1	6	7	4	2	9	5	3	8
9	4	8	3	5	7	6	2	1
3	5	2	6	8	1	4	7	9
6	1	4	2	9	8	3	5	7
8	3	5	1	7	6	2	9	4
7	2	9	5	3	4	1	8	6
5	7	1	9	4	3	8	6	2
2	9	6	8	1	5	7	4	3
4	8	3	7	6	2	9	1	5

정답

157

9	3	7	5	2	8	6	1	4
8	5	6	4	7	1	2	9	3
2	4	1	3	6	9	7	5	8
4	9	3	6	5	7	8	2	1
6	7	2	8	1	3	5	4	9
5	1	8	9	4	2	3	6	7
3	8	5	2	9	4	1	7	6
1	2	4	7	8	6	9	3	5
7	6	9	1	3	5	4	8	2

158

6	5	9	3	7	4	1	2	8
4	7	8	1	9	2	6	3	5
2	1	3	8	6	5	4	9	7
3	4	6	9	2	7	5	8	1
8	2	7	5	4	1	9	6	3
1	9	5	6	3	8	2	7	4
5	6	1	7	8	9	3	4	2
7	3	2	4	1	6	8	5	9
9	8	4	2	5	3	7	1	6

159

1	3	6	5	4	2	9	7	8
7	9	2	6	8	3	4	5	1
8	5	4	1	9	7	2	3	6
9	2	1	7	6	8	3	4	5
5	4	8	3	1	9	7	6	2
3	6	7	2	5	4	8	1	9
2	1	3	9	7	6	5	8	4
6	8	9	4	3	5	1	2	7
4	7	5	8	2	1	6	9	3

160

8	6	5	7	4	2	9	1	3
2	1	9	5	8	3	4	6	7
4	7	3	1	9	6	8	2	5
6	8	1	4	2	7	3	5	9
3	4	7	9	1	5	2	8	6
9	5	2	6	3	8	7	4	1
1	3	4	2	6	9	5	7	8
5	9	6	8	7	4	1	3	2
7	2	8	3	5	1	6	9	4

정답

161

7	9	1	6	8	4	5	2	3
2	6	5	1	9	3	7	8	4
4	8	3	5	7	2	1	6	9
9	1	4	7	5	8	6	3	2
6	5	7	2	3	9	8	4	1
3	2	8	4	1	6	9	5	7
1	7	2	8	4	5	3	9	6
5	4	9	3	6	7	2	1	8
8	3	6	9	2	1	4	7	5

162

8	5	2	4	6	3	1	7	9
4	3	1	9	7	8	2	6	5
7	9	6	1	2	5	8	4	3
1	7	3	2	8	4	5	9	6
2	4	8	6	5	9	7	3	1
9	6	5	7	3	1	4	2	8
6	2	9	8	1	7	3	5	4
3	8	7	5	4	6	9	1	2
5	1	4	3	9	2	6	8	7

163

2	6	5	8	4	3	1	7	9
1	4	3	9	7	5	6	2	8
9	8	7	6	2	1	5	4	3
7	9	6	4	3	2	8	1	5
5	2	8	1	9	7	4	3	6
3	1	4	5	8	6	2	9	7
4	7	9	2	6	8	3	5	1
6	5	2	3	1	9	7	8	4
8	3	1	7	5	4	9	6	2

164

4	9	5	6	8	2	7	3	1
1	7	6	3	4	5	8	2	9
8	2	3	1	9	7	4	6	5
2	4	8	7	1	9	6	5	3
3	1	7	5	2	6	9	4	8
6	5	9	8	3	4	2	1	7
9	8	1	2	6	3	5	7	4
5	3	2	4	7	8	1	9	6
7	6	4	9	5	1	3	8	2

정답

⟨165⟩

7	6	8	9	5	2	1	4	3
5	3	2	1	8	4	6	7	9
9	1	4	3	6	7	5	2	8
4	9	3	5	2	6	8	1	7
2	7	1	4	9	8	3	5	6
8	5	6	7	1	3	2	9	4
6	4	5	8	7	1	9	3	2
1	8	7	2	3	9	4	6	5
3	2	9	6	4	5	7	8	1

⟨166⟩

2	3	1	4	7	8	6	5	9
8	6	5	1	2	9	4	3	7
7	9	4	5	6	3	1	8	2
9	5	2	3	4	7	8	1	6
1	4	3	8	9	6	7	2	5
6	7	8	2	1	5	9	4	3
5	2	9	7	8	1	3	6	4
4	1	7	6	3	2	5	9	8
3	8	6	9	5	4	2	7	1

⟨167⟩

1	9	2	8	3	7	5	4	6
4	5	3	1	2	6	8	9	7
7	6	8	5	9	4	2	3	1
9	2	1	6	4	8	3	7	5
8	4	6	7	5	3	1	2	9
3	7	5	2	1	9	4	6	8
2	1	4	9	6	5	7	8	3
6	3	7	4	8	1	9	5	2
5	8	9	3	7	2	6	1	4

⟨168⟩

5	9	2	1	7	6	4	8	3
7	3	1	4	8	9	5	2	6
6	4	8	5	2	3	9	7	1
1	6	9	7	3	8	2	5	4
3	7	5	2	6	4	8	1	9
8	2	4	9	5	1	3	6	7
9	8	7	6	4	2	1	3	5
2	1	6	3	9	5	7	4	8
4	5	3	8	1	7	6	9	2

정답

169

9	7	8	4	1	2	3	5	6
2	3	4	5	6	8	1	7	9
6	5	1	7	3	9	2	8	4
7	8	5	9	4	3	6	2	1
3	4	2	6	5	1	8	9	7
1	9	6	8	2	7	4	3	5
8	6	9	2	7	4	5	1	3
4	1	7	3	8	5	9	6	2
5	2	3	1	9	6	7	4	8

170

9	3	8	7	4	6	5	1	2
5	1	4	3	9	2	8	7	6
2	6	7	1	5	8	9	3	4
6	7	5	9	3	1	2	4	8
4	2	9	5	8	7	1	6	3
1	8	3	2	6	4	7	9	5
7	5	1	6	2	3	4	8	9
3	4	2	8	7	9	6	5	1
8	9	6	4	1	5	3	2	7

171

4	1	3	7	9	2	8	5	6
8	5	2	1	4	6	7	9	3
9	6	7	3	8	5	4	2	1
3	8	4	2	5	7	1	6	9
1	7	9	8	6	3	5	4	2
5	2	6	4	1	9	3	8	7
2	9	1	5	3	8	6	7	4
6	3	8	9	7	4	2	1	5
7	4	5	6	2	1	9	3	8

172

4	2	9	5	3	7	6	8	1
6	7	3	1	8	9	4	5	2
1	8	5	6	2	4	7	9	3
7	5	4	2	6	8	3	1	9
9	1	2	4	7	3	5	6	8
3	6	8	9	1	5	2	7	4
5	3	1	8	4	6	9	2	7
2	9	7	3	5	1	8	4	6
8	4	6	7	9	2	1	3	5

정답

173

8	7	3	1	2	5	6	4	9
9	4	1	7	8	6	2	3	5
6	5	2	3	9	4	8	7	1
5	6	4	9	7	8	3	1	2
3	8	7	2	4	1	9	5	6
2	1	9	5	6	3	7	8	4
1	2	8	4	3	9	5	6	7
4	9	6	8	5	7	1	2	3
7	3	5	6	1	2	4	9	8

174

6	9	4	2	1	7	8	3	5
2	3	5	4	9	8	6	1	7
1	8	7	5	3	6	2	4	9
8	2	3	7	6	1	9	5	4
4	1	6	9	8	5	7	2	3
5	7	9	3	4	2	1	8	6
3	6	2	8	5	9	4	7	1
7	4	1	6	2	3	5	9	8
9	5	8	1	7	4	3	6	2

175

7	6	3	1	4	5	8	2	9
4	9	8	7	2	6	5	1	3
1	5	2	9	8	3	7	6	4
6	3	7	4	9	2	1	8	5
9	2	5	3	1	8	6	4	7
8	1	4	6	5	7	9	3	2
3	4	1	8	7	9	2	5	6
5	7	6	2	3	1	4	9	8
2	8	9	5	6	4	3	7	1

176

6	4	3	1	5	8	2	7	9
1	2	8	9	3	7	6	5	4
7	5	9	4	6	2	8	3	1
3	9	1	7	8	6	5	4	2
4	7	6	5	2	1	9	8	3
2	8	5	3	9	4	1	6	7
5	1	4	6	7	9	3	2	8
9	3	2	8	4	5	7	1	6
8	6	7	2	1	3	4	9	5

177

3	4	1	9	5	6	2	8	7
2	6	5	8	1	7	9	3	4
8	9	7	4	3	2	5	1	6
6	7	2	3	8	5	4	9	1
1	3	8	2	4	9	6	7	5
9	5	4	6	7	1	8	2	3
7	8	6	1	2	4	3	5	9
4	1	3	5	9	8	7	6	2
5	2	9	7	6	3	1	4	8

178

6	9	3	1	8	5	2	7	4
7	8	5	3	4	2	9	6	1
2	1	4	6	9	7	3	8	5
9	3	8	5	2	4	7	1	6
4	5	2	7	1	6	8	3	9
1	6	7	9	3	8	5	4	2
3	2	9	8	6	1	4	5	7
8	7	1	4	5	9	6	2	3
5	4	6	2	7	3	1	9	8

179

8	3	5	4	9	2	1	7	6
2	4	7	1	5	6	9	8	3
6	9	1	7	8	3	2	5	4
7	6	2	5	4	1	3	9	8
4	5	9	2	3	8	6	1	7
1	8	3	9	6	7	4	2	5
5	1	6	8	2	4	7	3	9
9	2	4	3	7	5	8	6	1
3	7	8	6	1	9	5	4	2

180

3	6	4	9	1	8	7	2	5
8	9	7	5	2	6	4	1	3
5	1	2	4	7	3	8	9	6
2	4	3	8	5	9	6	7	1
6	8	1	7	3	2	5	4	9
9	7	5	1	6	4	3	8	2
1	2	6	3	4	7	9	5	8
4	5	9	6	8	1	2	3	7
7	3	8	2	9	5	1	6	4

정답

181

2	5	3	8	4	6	9	1	7
4	1	6	9	2	7	5	8	3
9	7	8	1	5	3	2	4	6
8	6	5	4	3	2	1	7	9
1	9	4	7	6	8	3	2	5
7	3	2	5	9	1	8	6	4
6	8	1	3	7	5	4	9	2
3	2	9	6	8	4	7	5	1
5	4	7	2	1	9	6	3	8

182

7	3	9	2	6	8	4	1	5
5	4	8	7	9	1	2	3	6
1	2	6	3	5	4	8	9	7
8	5	4	9	1	2	7	6	3
9	7	3	5	8	6	1	2	4
2	6	1	4	3	7	5	8	9
4	1	7	6	2	3	9	5	8
6	8	5	1	7	9	3	4	2
3	9	2	8	4	5	6	7	1

183

5	9	1	4	2	8	7	6	3
8	6	3	7	9	5	2	1	4
4	2	7	3	6	1	5	9	8
6	3	4	2	5	7	1	8	9
2	5	8	6	1	9	3	4	7
7	1	9	8	4	3	6	2	5
1	4	5	9	3	6	8	7	2
3	8	2	1	7	4	9	5	6
9	7	6	5	8	2	4	3	1

184

4	3	7	5	8	2	1	6	9
5	1	2	9	6	3	7	4	8
9	6	8	7	1	4	2	3	5
6	5	1	2	3	9	4	8	7
3	8	4	6	5	7	9	1	2
2	7	9	1	4	8	3	5	6
8	2	6	3	7	1	5	9	4
7	4	3	8	9	5	6	2	1
1	9	5	4	2	6	8	7	3

정답

⟨185⟩

4	5	2	7	9	8	1	3	6
7	3	9	1	5	6	2	8	4
8	6	1	3	2	4	7	5	9
1	9	4	8	3	2	5	6	7
2	7	3	5	6	1	9	4	8
5	8	6	9	4	7	3	1	2
9	2	5	4	8	3	6	7	1
6	4	7	2	1	5	8	9	3
3	1	8	6	7	9	4	2	5

⟨186⟩

7	9	2	3	1	6	4	5	8
5	6	8	2	9	4	7	1	3
1	3	4	8	5	7	9	2	6
9	2	6	5	7	3	1	8	4
3	5	7	4	8	1	2	6	9
4	8	1	6	2	9	5	3	7
8	4	5	9	6	2	3	7	1
2	7	9	1	3	8	6	4	5
6	1	3	7	4	5	8	9	2

⟨187⟩

9	1	2	3	7	6	5	4	8
8	4	5	9	2	1	6	3	7
6	7	3	4	5	8	1	2	9
5	2	4	7	8	9	3	1	6
1	6	8	2	4	3	7	9	5
3	9	7	6	1	5	2	8	4
7	8	1	5	3	4	9	6	2
2	3	6	8	9	7	4	5	1
4	5	9	1	6	2	8	7	3

⟨188⟩

8	5	7	4	6	2	9	3	1
3	6	1	5	9	8	4	7	2
9	2	4	7	3	1	6	8	5
6	3	2	9	8	5	7	1	4
1	8	9	6	7	4	2	5	3
7	4	5	2	1	3	8	6	9
2	9	8	3	5	7	1	4	6
5	7	6	1	4	9	3	2	8
4	1	3	8	2	6	5	9	7

정답

189

8	1	9	2	3	5	4	7	6
7	5	2	8	4	6	3	9	1
4	3	6	1	9	7	8	2	5
1	7	3	9	5	8	2	6	4
6	2	8	3	7	4	1	5	9
9	4	5	6	1	2	7	3	8
2	8	4	5	6	3	9	1	7
3	6	1	7	8	9	5	4	2
5	9	7	4	2	1	6	8	3

190

2	8	7	3	6	4	9	5	1
5	4	1	8	7	9	2	3	6
9	6	3	1	5	2	4	7	8
7	5	2	9	3	8	6	1	4
6	3	8	5	4	1	7	9	2
4	1	9	7	2	6	5	8	3
3	7	6	4	1	5	8	2	9
8	2	5	6	9	3	1	4	7
1	9	4	2	8	7	3	6	5

191

2	7	9	8	6	4	5	1	3
1	8	4	9	5	3	7	6	2
3	6	5	1	2	7	8	9	4
7	2	6	4	1	5	3	8	9
9	5	8	3	7	2	1	4	6
4	1	3	6	8	9	2	7	5
8	3	7	5	9	6	4	2	1
5	9	1	2	4	8	6	3	7
6	4	2	7	3	1	9	5	8

정답

〈192〉

6	1	3	2	7	9	4	5	8
9	4	2	1	5	8	7	3	6
5	7	8	6	3	4	9	1	2
3	9	7	4	8	6	5	2	1
4	8	5	7	2	1	6	9	3
1	2	6	5	9	3	8	7	4
2	6	9	3	4	7	1	8	5
7	3	1	8	6	5	2	4	9
8	5	4	9	1	2	3	6	7

〈193〉

7	2	5	4	9	6	1	8	3
1	6	3	8	5	2	7	4	9
4	9	8	7	1	3	2	5	6
5	7	2	1	4	9	6	3	8
9	1	6	3	8	5	4	7	2
8	3	4	6	2	7	9	1	5
3	5	9	2	7	4	8	6	1
6	4	1	9	3	8	5	2	7
2	8	7	5	6	1	3	9	4

정답

〈194〉

4	5	7	2	3	9	8	6	1
8	3	6	7	4	1	5	2	9
9	1	2	5	8	6	3	4	7
7	8	3	1	5	4	6	9	2
2	6	4	9	7	8	1	3	5
5	9	1	6	2	3	7	8	4
6	7	5	3	9	2	4	1	8
1	4	9	8	6	7	2	5	3
3	2	8	4	1	5	9	7	6

〈195〉

4	5	3	1	9	7	8	2	6
6	2	7	4	3	8	9	5	1
1	8	9	6	5	2	4	3	7
9	7	8	3	2	6	1	4	5
5	3	6	8	1	4	7	9	2
2	1	4	5	7	9	6	8	3
8	6	5	2	4	1	3	7	9
7	4	2	9	6	3	5	1	8
3	9	1	7	8	5	2	6	4

정답

⬡ 196

1	2	3	4	6	7	5	8	9
7	9	5	3	2	8	6	1	4
6	8	4	1	9	5	2	3	7
4	5	1	7	8	3	9	6	2
8	6	7	2	4	9	1	5	3
2	3	9	5	1	6	7	4	8
9	1	6	8	7	4	3	2	5
3	7	8	6	5	2	4	9	1
5	4	2	9	3	1	8	7	6

⬡ 197

7	3	6	5	2	8	1	9	4
8	5	9	3	4	1	7	2	6
4	1	2	7	9	6	8	5	3
1	4	3	8	7	2	5	6	9
2	6	7	9	1	5	3	4	8
9	8	5	6	3	4	2	1	7
3	7	4	1	5	9	6	8	2
5	2	8	4	6	7	9	3	1
6	9	1	2	8	3	4	7	5

정답

〈198〉

3	6	9	1	5	7	4	8	2
4	1	8	2	6	3	9	7	5
7	2	5	9	8	4	3	1	6
8	3	7	4	1	5	2	6	9
1	4	2	8	9	6	7	5	3
9	5	6	7	3	2	1	4	8
2	8	1	6	4	9	5	3	7
6	9	3	5	7	1	8	2	4
5	7	4	3	2	8	6	9	1

〈199〉

3	8	7	1	9	6	5	2	4
4	1	6	5	8	2	3	7	9
9	5	2	7	3	4	6	1	8
8	2	4	6	5	1	7	9	3
1	6	3	9	4	7	2	8	5
5	7	9	3	2	8	1	4	6
6	4	8	2	1	5	9	3	7
7	9	1	8	6	3	4	5	2
2	3	5	4	7	9	8	6	1

정답

⬡ 200

9	5	7	6	4	8	3	2	1
1	8	6	3	2	5	9	7	4
4	3	2	7	1	9	6	8	5
7	2	8	9	5	3	4	1	6
3	1	9	4	8	6	7	5	2
6	4	5	1	7	2	8	3	9
2	6	1	8	9	7	5	4	3
5	7	3	2	6	4	1	9	8
8	9	4	5	3	1	2	6	7

⬡ 201

1	9	4	7	5	8	3	2	6
8	3	7	6	4	2	9	5	1
2	5	6	3	1	9	4	7	8
4	7	2	8	9	3	6	1	5
9	1	8	5	2	6	7	3	4
5	6	3	1	7	4	2	8	9
6	2	5	4	3	1	8	9	7
7	4	9	2	8	5	1	6	3
3	8	1	9	6	7	5	4	2

멘사 스도쿠 200문제 초급·중급

IQ 148을 위한 두뇌 트레이닝

1판 1쇄 펴낸 날 2023년 2월 20일

지은이 개러스 무어, 브리티시 멘사
주간 안채원
책임편집 윤성하
편집 윤대호, 채선희, 장서진
디자인 김수인, 김현주, 이예은
마케팅 함정윤, 김희진

펴낸이 박윤태
펴낸곳 보누스
등록 2001년 8월 17일 제313-2002-179호
주소 서울시 마포구 동교로12안길 31 보누스 4층
전화 02-333-3114
팩스 02-3143-3254
이메일 bonus@bonusbook.co.kr

ISBN 978-89-6494-571-1 03410

멘사 스도쿠 스페셜
마이클 리오스 지음 | 312면

멘사 스도쿠 엑설런트
마이클 리오스 지음 | 312면

멘사 스도쿠 챌린지
피터 고든 외 지음 | 336면

멘사 스도쿠 프리미어 500
피터 고든 외 지음 | 312면

멘사 스도쿠 100문제 초급
브리티시 멘사 지음 | 184면

멘사 스도쿠 200문제 초급 중급
개러스 무어 외 지음 | 280면